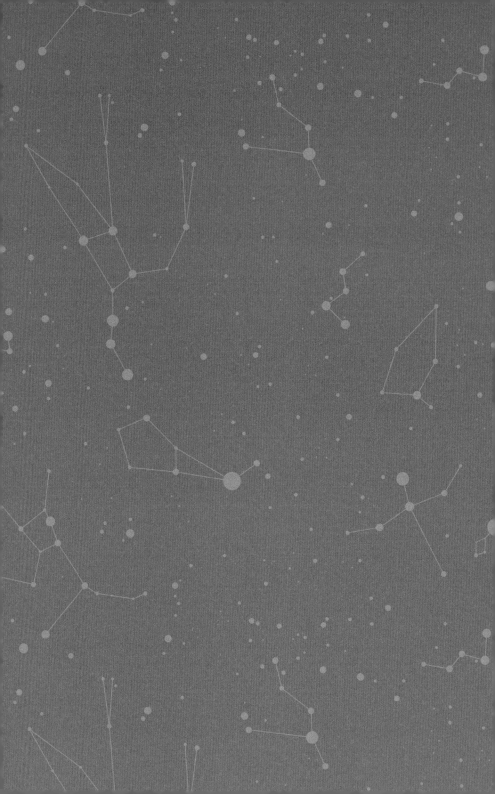

언제 어디서든 쉽게 따라할 수 있는 별자리 관측 가이드북

처음 시작하는
천체관측

별자리 및 본문 그림	矢吹 浩(Hiroshi Yabuki)
표지사진	木村琢磨(Takuma Kimura)
본문 일러스트	岩城奈々(Nana Iwaki)
촬영	矢吹 浩(Hiroshi Yabuki) (p.17-19,21-22,31,34,40,42,46,60,61-62,89,92)

본문 사진 (이미 출처가 표기되어 있는 것과 출처 표기가 필요하지 않은 것은 제외)

Hiroshi Ishii (p.4-5), @sage_solar (p.20), Sir Mildred Pierce(p.26,30), Jim Champion (p.28), David DeHetre (p.36-37,77,82,89), Jay Cross (p.43), Brian Jackson (p.43), NASA Goddard Space Flight Center (p.54,80,92), jailbird (p.55), NASA (p.58), Patrick Denker (p.59), amira_a (p.59), Yosuke Tsuruta (p.68), Carsten Frenzl (p.68), Jody Roberts (p.69), s58y (p.69,74-75), Neil McIntosh (p.70), Mike Lewinski (p.70,73,80), Eddie Yip (p.71), Bob Familiar (p.72), Janne (p.72), Andrés Nieto Porras (p.73), makelessnoise (p.74), Charles de Mille-Isles (p.75), Basheer Tome (p.76), Forest Wander (p.78-79), Noriaki Tanaka (p.78), john. purvis (p.80), äquinoktium (p.81), Marc Van Norden (p.81,108), NASA/JPL-Caltech (p.84), Thomas Bresson (p.86), David St.Louis (p.87), Karen Roe (p.87), Rocky Raybell (p.88-89), NASA/JPL/DLR (p.88), Jörg Weingrill (p.89), Chris Samuel (p.89), Ralph Arvesen (p.90), Kevin Dooley (p.90), Endosidney (p.90), Forest guardian (p.90), the very honest man (p.91), Nakae (p.92), Frank Pierson (p.103), Carsten Frenzl (p.108), NASA Blueshift (p.108), Terry Tucker (p.108), thefixer (p.109), fujitariuji (p.109), Hijili Kosugi (p.109), KΛ13 (p.126-127)

성도(星圖)	StellaNavigator10/AstroArts Inc.

언제 어디서든 쉽게 따라할 수 있는 별자리 관측 가이드북

처음 시작하는
천체관측

나가타 미에 지음 | 김소영 옮김 | 김호섭 감수

더숲

시작하는 글

설마 별을 보지 않는 사람도 있을까요? 누구나 별이 참 아름답구나, 하는 생각을 한 번쯤 해 봤을 것입니다. 무심코 올려다본 하늘에 이름을 아는 별이나 별자리가 있으면 재미가 배가 되지 않을까요?

저는 어릴 적부터 별이 참 좋았습니다. 집 근처 언덕에 앉아 저녁노을이 쪽빛으로 변해 가는 하늘을 바라보며 어디에 별이 가장 먼저 보이나 찾아보곤 했습니다. 쌍안경으로 처음 달을 봤을 때의 기쁨이란 말로 표현할 수 없지요. 그렇게 책도 읽고 플라네타륨(planetarium, 천체 투영관. 반구형의 천장에 설치된 스크린에 달, 태양, 항성, 행성 따위의 천체를 투영하는 장치─옮긴이)에서 별 이름도 듣다 보니 어느새 그 이름들을 외우게 되었습니다. 별의 이름을 알고 나니 그때까지 멀리 있던 별들이 무척 가깝게 느껴졌습니다. 말하자면 친구를 사귈 때와 마찬가지입니다. 매일매일 조금씩 상대방을 알게 될수록 친근하게 느껴지고 좋아하는 마음이 커지는 것처럼 별을 보면 볼수록 좋아하는 마음이 점점 커지는 겁니다.

별은 한번 알아 두면 내년, 5년 후, 50년 후에도 늘 같은 시기에 제자리로 돌아옵니다. 별에 관한 지식은 앞으로 평생 동안 여러분의 마음을 아득한 우주로 데려가도록 도와줄 것입니다.

나가타 미에

감수의 글

우주를 이해하는 방식은 다양합니다. 과학적, 인문학적, 종교적, 철학적인 이해 등 접근 시각에 따라 다양한 해석과 이론을 필요로 합니다. 이것은 아직까지 인간이 가진 우주에 대한 근원적인 지식이 미천하다는 의미이기도 합니다. 우리는 태양계를 벗어나는 것은 고사하고 아직까지 화성도 밟아 보지 못했습니다. 그렇기 때문에 더욱 상상력이 필요한 분야가 천문학입니다. 특히 처음 별을 접하는 사람들에게는 무엇보다 상상력을 바탕으로 한 과학적인 접근이 꼭 필요합니다. 『처음 시작하는 천체관측』은 밤하늘에 대한 과학적 시각을 넓혀 주는 데 좋은 동반자가 될 수 있는 책입니다.

이 책은 초등학교 고학년 정도의 학생이면 큰 부담 없이 읽을 수 있습니다. 우리나라는 초등학교 5학년이 되면 과학 교과서를 통해 처음으로 천문학을 접하게 됩니다. 그러나 교사 중 대부분은 천문학에 대한 전문가가 아니므로 학교에서의 교육에는 한계가 있습니다. 그러한 어려움을 보완한다는 측면에서도 이 책은 나름의 역할을 할 수 있습니다.

천문학 전문서적은 주로 과학적 사실을 다루기 때문에 전설이라든가 유래, 별칭 등에 대해서는 가능하면 다루지 않습니다. 하지만 전문서적이 아닐 경우에는 별을 처음 접하는 사람들, 특히 어린이들의 호기심을 자극하고, 상상력을 키우기 위해서 많은 별과 별자리들의 신화를 비롯해 유래, 별칭 등의 인용이 자주 다루어집니다.

다른 나라의 책을 가져와 한국에서 출간하는 경우 그 과정에서 역사와 문화적 배경의 차이로 인한 표현 방식에서 많은 차이점이 발견되곤 합니다. 우리나라만의 고유한 전통과 유래가 엄연히 존재하므로 이 책을 감수하는 과정에서 가능하면 일본식 표현을 줄이고 우리나라식의 표현으로 바꾸는 데 공을 들였습니다.

아이들의 꿈을 키우고 호기심을 가질 수 있게 하기 위해 천문학 분야가 지향해야 할 역할은 분명합니다. 정확한 사실을 바탕으로 하되 우리나라의 전통적인 이야기를 적절하게 녹여내면서 어릴 적부터 천문학 용어와 표기, 유래와 별칭 등에 대해 정확하게 이해할 수 있도록 하는 것입니다. 그런 의미에서 이 책은 천문학의 기본에 충실한 내용으로 가득합니다. 기본적인 소양을 익힌다면 좀 더 깊이 있는 천문학 서적을 펼치더라도 큰 무리 없이 접할 수 있을 것입니다. 이 책을 통해, 내용의 깊이 차이는 있겠지만 천문학의 기반을 다질 수 있을 것입니다. 아무쪼록 가치 있는 천문학 입문서로서 자리매김 하기를 바라는 마음입니다.

강원도청소년수련관 별관측소 소장 김호섭

계절마다 다른 밤하늘

그림을 머리 위에 대고 각도를 맞춰 밤하늘과 비교해 보세요. (참고 자료: 코스모 플라네타륨 시부야)

Via la yala

겨울

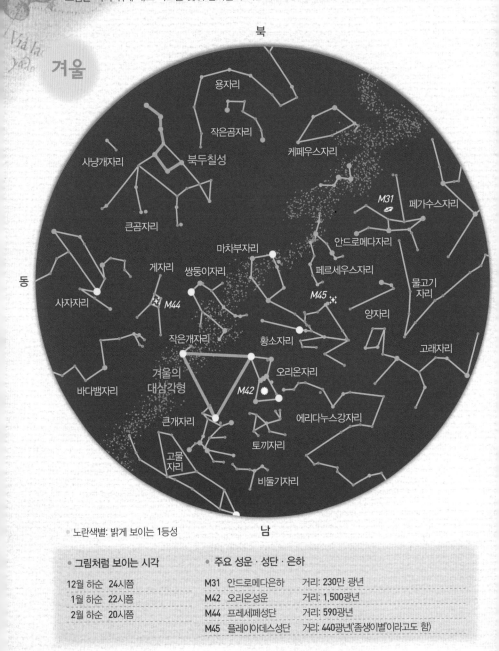

북

용자리
작은곰자리
케페우스자리
사냥개자리
북두칠성
M31
페가수스자리
큰곰자리
마차부자리
안드로메다자리
게자리
쌍둥이자리
페르세우스자리
물고기자리
동
M44
사자리
M45
양자리
작은개자리
황소자리
고래자리
겨울의 대삼각형
오리온자리
바다뱀자리
M42
에리다누스강자리
큰개자리
토끼자리
고물자리
비둘기자리
남

● 노란색별: 밝게 보이는 1등성

● 그림처럼 보이는 시각	● 주요 성운 · 성단 · 은하	
12월 하순 24시쯤	M31 안드로메다은하	거리: 230만 광년
1월 하순 22시쯤	M42 오리온성운	거리: 1,500광년
2월 하순 20시쯤	M44 프레세페성단	거리: 590광년
	M45 플레이아데스성단	거리: 440광년('좀생이별'이라고도 함)

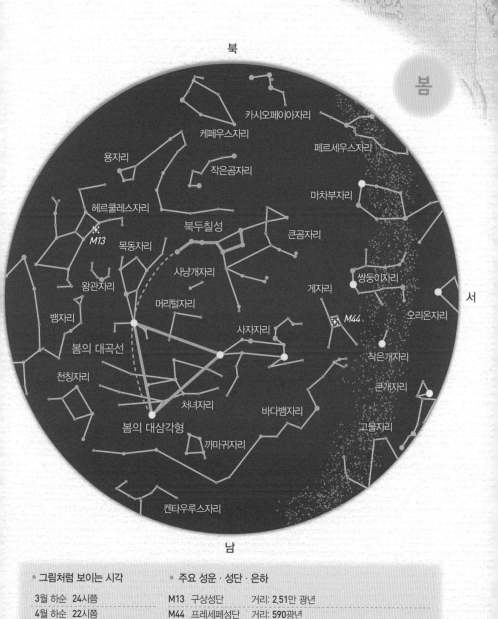

북

카시오페이아자리
케페우스자리
페르세우스자리
용자리
작은곰자리
마차부자리
헤르쿨레스자리
M13
북두칠성
큰곰자리
목동자리
사냥개자리
쌍둥이자리
왕관자리
머리털자리
게자리
서
뱀자리
오리온자리
M44
봄의 대곡선
사자자리
봄의 대상각형
천칭자리
작은개자리
처녀자리
바다뱀자리
큰개자리
까마귀자리
고물자리
켄타우루스자리

남

그림처럼 보이는 시각	주요 성운 · 성단 · 은하	
3월 하순 24시쯤	M13 구상성단	거리: 2.51만 광년
4월 하순 22시쯤	M44 프레세페성단	거리: 590광년
5월 하순 20시쯤		

북

여름

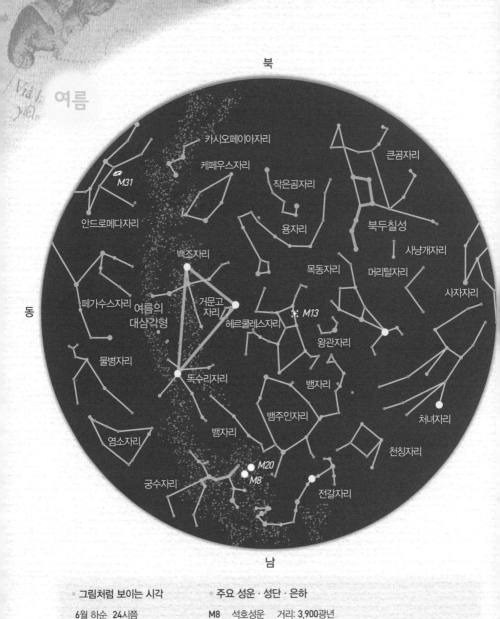

카시오페이아자리
케페우스자리
작은곰자리
M31
큰곰자리
안드로메다자리
용자리
북두칠성
사냥개자리
백조자리
목동자리
머리털자리
페가수스자리
거문고자리
여름의
대삼각형
헤르쿨레스자리
M13
사자자리
물병자리
왕관자리
독수리자리
뱀자리
염소자리
뱀주인자리
뱀자리
처녀자리
M20
천칭자리
M8
궁수자리
전갈자리

동

남

• 그림처럼 보이는 시각	• 주요 성운 · 성단 · 은하
6월 하순 24시쯤	M8 석호성운 거리: 3,900광년
7월 하순 22시쯤	M20 삼렬성운 거리: 5,600광년
8월 하순 20시쯤	M13 구상성단 거리: 2.51만 광년

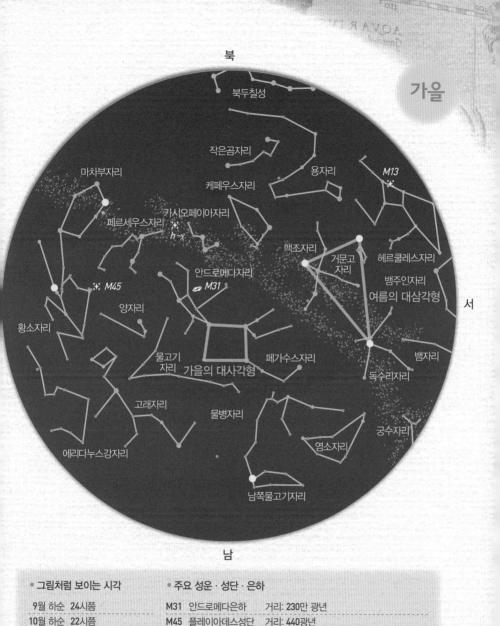

북

북두칠성

작은곰자리

케페우스자리 용자리

M13

가을

마차부자리

카시오페이아자리

페르세우스자리
h χ

안드로메다자리

M45

양자리

M31

황소자리

물고기
자리

가을의 대사각형

백조자리

거문고
자리

헤르쿨레스자리

뱀주인자리
여름의 대삼각형

서

페가수스자리

뱀자리

독수리자리

고래자리

물병자리

궁수자리

에리다누스강자리

염소자리

남쪽물고기자리

남

• 그림처럼 보이는 시각

9월 하순 24시쯤
10월 하순 22시쯤
11월 하순 20시쯤

• 주요 성운 · 성단 · 은하

M31 안드로메다은하   거리: 230만 광년
M45 플레이아데스성단 거리: 440광년

11

차례

제1장 도시의 밤하늘에서 별을 찾아보자

⭐ 겨울철 밝은 별

⭐ 봄철 밝은 별

제2장 야외에서 별 관찰하기

제3장 플라네타륨에서 밤하늘을 산책하자

제4장 퀴즈로 알아보자! 별자리와 우주의 비밀

제1장

도시의 밤하늘에서 별을 찾아보자

수천 년 이상 늘 한결같은 별을 오늘밤에도 당장 볼 수 있습니다. 그리고 그 별은 앞으로도 돌아오는 계절에 변함없이 반짝반짝 빛날 겁니다. 별은 한번 알아두면 평생 즐겁습니다. 꼭 별이 가득한 하늘이 아니더라도 우리가 늘 보던 밤하늘에서 당장 오늘부터라도 별을 찾아보세요.

별이 보일까?

주변에 가로등이나 밝은 조명이 켜진 건물이 있어도 그에 지지 않을 환한 별이 밤하늘을 수놓고 있습니다. 특히 겨울은 일 년 중에서도 밝은 1등성이 무척 많이 보이는 계절이니 이 기회를 놓치지 마세요!

직접 별을 찾아보면 하늘을 바라보는 일이 즐거워집니다. 또한 겨울뿐 아니라 계절마다 찾기 쉬운 별이 있습니다. 밤하늘을 수시로 올려다보고 마음에 드는 별이나 별자리를 찾아보세요.

가로등 불빛을 손으로 가리기만 해도
별이 잘 보여요.

도심 하늘에서도 별이 보인다

불빛이 많은 거리에서는 별이 보이지 않을
것 같나요? 별은 아무리 밝은 대도시에서
라도 보입니다. 날씨 좋은 날 밤하늘을 한
번 보세요. 가능하면 빛을 등지고 어두운
쪽을 바라보면 좋습니다. 집 베란다나 정
원에서 볼 때는 방의 불빛을 끄면 더 잘 보
입니다.

별을 잘 보려면?

되도록 같은 시각에 같은 방향을 봐
야 별을 잘 찾을 수 있어요. 사람의
눈이 어둠에 익숙해지는 데엔 10분
정도 걸리기 때문에 인내심을 가지
고 하늘을 봐야 합니다.
그리고 별이 눈에 익으면 밝은 별
이나 찾기 쉬운 모양부터 차근차근
찾아보세요. 하나를 찾으면 그 별을
기준 삼아 다른 별도 찾을 수 있습
니다.

삼형제별을 찾아보자

겨울철 밤하늘에 줄 맞춰 쪼르르 늘어선 세 개의 별을 한 번쯤 본 적이 있지 않나요? 이들은 '삼형제별'이라 불립니다. 그리고 삼형제별 주위를 네 개의 별이 직사각형 모양으로 둘러싸고 있습니다. 이것이 바로 오리온자리입니다.

한번 찾으면 인상에 강하게 남아 금세 발견할 수 있어요.

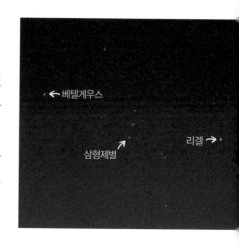

← 베텔게우스

삼형제별

리겔 →

오리온자리

오리온자리는 삼형제별을 가운데 두고 양 옆에서 밝게 빛나는 1등성을 보고 찾으면 됩니다. 사냥꾼 오리온의 오른쪽 어깨 부근에 자리한 붉은 별이 베텔게우스입니다. 그리고 오리온의 왼쪽 다리에 있는 푸르스름한 별이 리겔입니다. 12월 중순 24시경, 1월 중순 22시경, 2월 중순 20시경 남쪽 하늘에 높이 보입니다. 밝은 도심 하늘에서도 분명히 찾을 수 있을 거예요.

별의 밝기

별을 자세히 들여다보면 밝은 별도 있고 어두운 별도 있다는 걸 알 수 있습니다. 옛날 사람들은 밤하늘에 보이는 특별히 밝은 별 21개를 1등성으로, 가장 어두운 별을 6등성으로 정했습니다. 정확히 6등성보다 100배 밝은 별을 1등성으로 정했으며, 6등성보다 2.5배 밝은 별이 5등성, 5등성보다 2.5배 밝은 별이 4등성입니다.

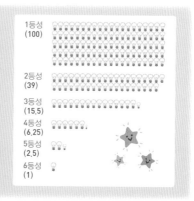

1등성 (100)	
2등성 (39)	
3등성 (15.5)	
4등성 (6.25)	
5등성 (2.5)	
6등성 (1)	

오리온자리는 장구 모양!

오리온자리는 그리스 신화에 나오는 사냥꾼 오리온의 모습으로 알려져 있지만, 일본에서는 사물놀이 악기 중 하나인 장구처럼 생겼다고 '장구별'이라고도 불러 왔습니다. 혹은 모래시계나 나비, 리본처럼 보이기도 합니다.

베텔게우스

둘 다
예쁘네!

리겔

베텔게우스와 리겔은 색깔이 다릅니다. 밤하늘을 보고 잘 비교해보세요.

보이지만 지금은 없다? 베텔게우스

베텔게우스는 태양보다 훨씬 거대하고 나이 든 별이라 언제 폭발을 일으켜도 이상한 일이 아니라고 합니다. 베텔게우스에서 지구까지의 거리는 빛의 속도로 약 650년입니다. 즉, 지금 우리가 보고 있는 베텔게우스는 사실 650년 전에 베텔게우스를 떠난 빛이라는 사실! 어쩌면 베텔게우스는 이미 폭발해서 지금은 존재하지 않을 수도 있겠네요. 베텔게우스가 폭발하는 빛이 당장 오늘밤 지구에 도착해, 어쩌면 우리가 그것을 보게 될지도 모르지요.

겨울의 대삼각형은 어디일까

겨울은 별자리를 찾기 가장 좋은 계절입니다. 먼저 눈에 잘 띄는 오리온자리를 찾아보세요. 오리온자리의 삼형제별을 묶어 아래로 죽 따라 내려가면 큰개자리의 시리우스가 있습니다. 베텔게우스, 시리우스, 그리고 동쪽 위에 있는 작은개자리의 프로키온을 연결하면 '겨울의 대삼각형'이 만들어집니다.

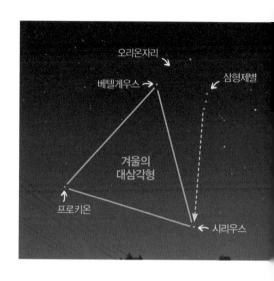

큰개자리

큰개자리의 시리우스는 별자리를 이루는 별 가운데 가장 밝아서 눈에 띄는 별입니다. 시리우스는 그리스어로 '빛나는 자' 또는 '태우는 자'라는 뜻이지요. 옛날 사람들은 밝은 시리우스가 밤하늘을 태워 버린다고 생각했을지도 모릅니다. 한국과 중국에서는 '천랑성', 고대 이집트에서는 '나일의 별'이라 불리며 주목받았습니다.

작은개자리

작은개자리의 1등성인 프로키온은 '개 앞에'라는 뜻의 별로, 큰개자리의 시리우스보다 먼저 떠오른다고 해서 붙여진 이름입니다. 작은개자리를 이루는 두 개의 별 중에서 밝은 프로키온과 더불어 작은개의 머리 쪽으로 고메이사라는 3등성이 있는데, 이는 '눈물에 젖은 눈동자'라는 뜻입니다. 사랑스러운 강아지가 눈에 눈물을 머금고 바라보는 이미지입니다.

겨울의 다이아몬드

얼어붙은 겨울 밤하늘에 빛나는 밝은 별. 하나, 둘 이어 가면 큰 다이아몬드가 생깁니다. 먼저 오리온자리의 리겔, 큰개자리의 시리우스, 작은개자리의 프로키온, 쌍둥이자리의 폴룩스, 마차부자리의 카펠라, 황소자리의 알데바란. 이렇게 이어 보면 큰 육각형이 생기는데, 이것이 바로 '겨울의 다이아몬드'입니다.

엎드린 대형 알파벳 G도 찾아보자

겨울의 다이아몬드는 1등성 여섯 개로 이루어져 있는데, 오리온자리의 베텔게우스가 포함되지 않았습니다. 베텔게우스에서 시리우스, 프로키온, 폴룩스, 카펠라, 알데바란, 리겔을 이어 보면 알파벳 대문자 'G'가 엎드려 있는 것처럼 보이지요. 겨울철 별들을 이어서 커다란 'G'도 찾아보세요.

겨울의 다이아몬드

카펠라
알데바란
베텔게우스
폴룩스
리겔
프로키온
시리우스

쌍둥이자리

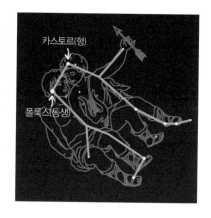

쌍둥이자리는 사이좋게 나란히 늘어서 있는 1등성 폴룩스와 2등성 카스토르를 기준으로 찾으면 됩니다. 폴룩스와 카스토르는 밝기가 비슷해 보이지만, 자세히 보면 폴룩스가 더 밝습니다. 그런데도 밝은 폴룩스가 아우, 조금 어두운 카스토르가 형입니다. 일본에서는 폴룩스를 금성, 카스토르를 은성이라고 부르기도 합니다.

마차부자리

카펠라부터 시작해서 장기 알처럼 오각형으로 별을 이으면 마차부자리가 보입니다. 마차부란 마차를 타고 말을 부리는 사람을 뜻합니다. 마차부자리는 그리스 신화의 아테네 왕 에리크토니오스의 모습을 나타내는데, 그는 염소를 무척 귀여워했다고 합니다. 마차부자리의 카펠라는 '자그마한 어미 염소'라는 뜻입니다. 근처에 작은 삼각형을 이루는 별들은 '아기 염소의 삼각형'이라 부릅니다.

황소자리

황소자리는 황소의 오른쪽 눈에서 빛나는 알데바란을 시작으로 V자를 찾으면 발견할 수 있습니다. 알데바란은 오리온자리의 삼형제별을 이어서 위로 올라가면 찾을 수 있습니다. V자가 황소 머리이며 여기에 큰 뿔 2개가 솟아 있습니다. 알데바란이란 '뒤를 따르는 자'란 뜻인데, 말 그대로 플레이아데스성단('좀생이별성단'이라고도 함)의 뒤를 따라가는 것처럼 보이지요?

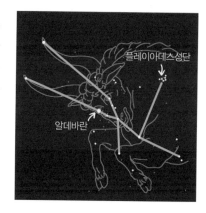

영원히 함께하는 형제
쌍둥이자리 신화

　그리스 신화에서 쌍둥이 두 사람은 신들의 왕 제우스와 스파르타의 왕비 레다 사이에서 태어났습니다. 신과 인간 사이에서 태어났기 때문에 형인 카스토르는 인간의 피를, 아우인 폴룩스는 신의 피를 이어받았습니다. 성인이 된 카스토르는 말 타기의 명인이 되었으며 폴룩스는 권투의 명인이 되었습니다. 무척 사이가 좋았던 두 사람은 항상 함께 다니며 온갖 모험에 나섰습니다.

　그런데 카스토르와 폴룩스에게는 마찬가지로 쌍둥이인 이다스와 린케우스라는 이복형제가 있었습니다. 어느 날 이다스, 린케우스와 다툼을 벌이던 카스토르는 이다스가 쏜 화살에 맞았습니다. 가슴을 관통당한 카스토르는 슬퍼하는 폴룩스 앞에서 조용히 숨을 거두었습니다. 폴룩스는 분노를 참지 못하고 린케우스의 가슴에 창을 명중시켰습니다. 그리고 도망가는 이다스를 쫓아갔지만 따라잡을 수가 없었습니다. 그런 모습을 하늘에서 내려다보던 신들의 왕 제우스가 이다스에게 천둥번개를 내려 맞아 죽게 했습니다.

　사랑하는 형을 잃은 폴룩스는 슬픔에 잠겼습니다. 아무리 슬퍼해도 형은 돌아오지 않았지요. 형을 따라 죽음을 택하고 싶어도 신의 피를 이어받은 불사신의 몸이라 죽을 수도 없었습니다. 폴룩스는 제우스에게 자신의 목숨을 나누어 형을 구해 달라고 빌었습니다. 소원을 들은 제우스는 두 사람을 하늘로 올려 별로 만들었습니다.

　별이 된 카스토르와 폴룩스는 지금도 하루씩 하늘과 땅을 오가며 사이좋게 살고 있다고 합니다.

태양신이 꾸민 비극
오리온자리 신화

오리온은 그리스 신화에 등장하는 사냥꾼입니다. 오리온에게는 달의 여신 아르테미스라는 근사한 연인이 있었습니다. 오리온과 아르테미스는 서로 결혼을 맹세했습니다. 그러나 이 사실을 안 아르테미스의 오빠 아폴론은 누이를 불러 꾸짖었습니다. 우리 같은 신이 인간인 오리온과 결혼하는 일은 결코 허락할 수 없다면서 말이지요. 그러나 아르테미스는 듣는 시늉도 하지 않았습니다.

어느 날 밤, 아폴론은 바다를 바라보다가 그곳을 걸어가고 있는 오리온을 발견했습니다. 그러고는 한 가지 음모를 꾸몄습니다. 아폴론은 오리온의 머리에 금빛을 씌워 바위처럼 보이게 한 후 아르테미스를 불러 이렇게 말했습니다.

"아르테미스, 넌 늘 활 쏘는 실력을 자랑하는데, 아무리 너라도 저기 저 작은 바위를 맞힐 수는 없겠지?"

이 말을 들은 아르테미스는 자신만만하게 활을 당겨 금빛 바위를 정확히 맞히고 말았습니다. 바로 그것이 오리온이라는 사실도 모른 채 말이지요.

이튿날 차갑게 식어 버린 오리온은 바닷가로 쓸려 왔습니다. 모르고 했다고는 해도 사랑하는 오리온을 자신의 손으로 죽이고 만 아르테미스는 슬픔에 빠져 하루하루를 보냈습니다. 그리고 신들의 왕 제우스에게 오리온을 별자리로 만들어 달라고 부탁했습니다.

지금도 아르테미스는 종종 달 마차를 타고 사랑하는 오리온을 만나러 간다고 합니다.

커다란 국자를 찾아보자

봄날의 초저녁, 북쪽 하늘 높이 커다란
국자 모양을 이루는 일곱 개의 별이 있습
니다. 이것이 바로 우리가 잘 알고 있는
북두칠성입니다. 북두의 '두(斗)'는 국자라
는 뜻도 갖고 있습니다. 커다란 프라이팬
모양이라고 기억해 둬도 좋겠습니다.

정말 찾기 쉬운
별자리입니다!

큰곰자리

큰곰자리는 봄철에 북쪽 하늘 높이 느릿느릿 올라
갑니다. 일곱 개의 별이 늘어선 북두칠성을 따라 찾
으면 됩니다. 북두칠성이 유명하기 때문에 북두칠성
자리라고 착각하기 쉬운데, 사실 등에서 꼬리로 이
어지는 큰곰자리의 일부 별들입니다. 자세히 보면
삼각형으로 된 곰의 얼굴, 앞다리와 뒷다리 발톱 부
분의 별들이 늘어선 채 보입니다.

확대

미자르

↓

알코르

보일까? 알코르

북두칠성의 국자 손잡이 쪽에서 두 번째 별을 미
자르라고 합니다. 미자르 근처에 알코르라는 어
두운 별이 있습니다. 알코르가 보이는지 밤하늘
을 보며 확인해 보세요. 알코르는 옛날에 시력 검
사를 하기 위해 사용되었던 별이기도 합니다. 맨
눈으로 알코르가 보인다면 시력이 좋은 겁니다.

봄의 대곡선을 따라가 보자

봄철 밤하늘에서 커다란 북두칠성을 찾았다면 국자 손잡이 부분의 커브를 따라 쭉 내려가 보세요. 그러면 가장 먼저 오렌지색 목동자리의 아르크투루스가 보입니다. 아르크투루스를 지나 조금 더 가 보면 처녀자리의 스피카가 있지요. 밤하늘에 그려진 커다란 곡선이 '봄의 대곡선'입니다.

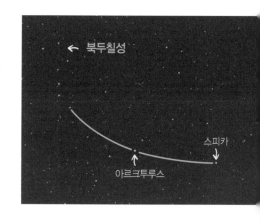

목동자리

목동자리는 아르크투루스에서 시작하여 별을 넥타이 모양으로 이어서 찾으면 됩니다. 목동자리는 자신이 기르는 소가 근처에 있는 큰 곰에게 잡아먹히지 않도록 곰을 지켜보고 있습니다. 아르크투루스는 '곰의 파수꾼'이라는 뜻입니다. 옛날 사람들은 아르크투루스가 높이 떠오를 시기에 보리를 수확했다고 합니다.

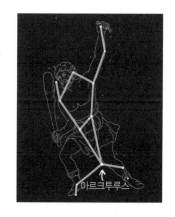

처녀자리

처녀자리는 푸르스름한 스피카를 보고 찾으면 됩니다. 스피카에서 알파벳 Y자 모양, 혹은 헬리콥터의 프로펠러 모양으로 별을 이어 나가면 처녀자리가 보입니다. 스피카란 '뾰족한 것'이란 뜻인데, 처녀자리가 들고 있는 뾰족한 보리 이삭 끝 부분에서 빛나고 있습니다.

봄의 대삼각형은 바로 여기!

북두칠성에서 찾을 수 있는 목동자리의 아르크투루스와 처녀자리의 스피카, 그리고 사자자리의 데네볼라를 이으면 생기는 대삼각형이 '봄의 대삼각형'입니다. 봄의 대삼각형은 4월 중순 24시경, 5월 중순 22시경, 6월 중순 20시경 남쪽 하늘에 높이 떠오릅니다. 아르크투루스와 스피카가 1등성인 데 비해 데네볼라는 조금 어두운 2등성입니다.

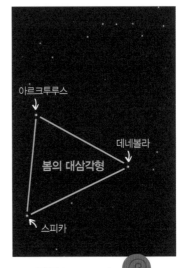

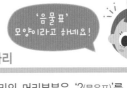
'음물표' 모양이라고 하네요!

사자자리

사자자리의 머리부분은 '?(물음표)'를 좌우로 뒤집어 놓은 듯한 모양입니다. 물음표를 뒤집었으니 재미있게 '음물표' 모양이라고 기억해 주세요. 사자의 심장에 자리한 별은 레굴루스입니다. '작은 왕'이라는 뜻을 가진 별입니다. 엉덩이에서 꼬리로 이어지는 별들이 마치 삼각자 모양 같습니다.

사자의 거대한 낫을 보자!

사자자리 머리부터 심장 부근까지 이어지는 '음물표' 모양은 '사자의 거대한 낫'이라 불려 왔습니다. 서양에서 사용하는 풀베기용 낫을 닮았기 때문입니다. 레굴루스는 1등성이며 찾기 쉬운 모양이니 밤하늘에서 꼭 찾아보세요.

봄의 다이아몬드

앞서 말한 봄의 대삼각형에서 그 근처에 있는 별을 하나 더 이어서 '봄의 다이아몬드'를 만들어 볼 수 있습니다. 네 번째 별은 사냥개자리의 코르카롤리입니다. 아주 밝은 별은 아니지만, 다이아몬드를 이루는 별입니다.

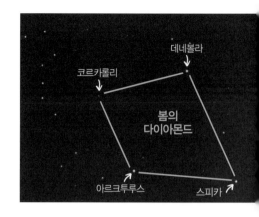

사냥개자리

사냥개자리는 목동자리의 서쪽 옆에서 목동이 데리고 다니는 사냥개 두 마리를 나타내는 별자리입니다. 북쪽 개는 '아스테리온', 남쪽 개는 '카라'라는 이름으로 불립니다. 사냥개자리는 코르카롤리에서 따라가면 찾을 수 있습니다.

별의 빛깔과 온도

멀리 있는 별은 로켓을 타고 직접 가서 온도를 재는 일이 불가능합니다. 하지만 별의 빛깔을 보면 온도를 알 수 있습니다. 별자리의 별들은 모두 태양처럼 스

표면 온도	빛깔	주요 항성
29,000~60,000도	파랑	오리온의 삼형제별
10,000~29,000도	파랑~푸르스름	리겔, 스피카
7,500~10,000도	하양	시리우스, 베가
6,000~7,500도	희끄무레한 노랑	카노푸스, 프로키온
5,300~6,000도	노랑	태양, 카펠라
3,900~5,300도	주황	알데바란, 아르크투루스
2,000~3,900도	빨강	안타레스, 베텔게우스

스로 빛을 냅니다. 그래서 별의 빛깔은 불꽃색으로 나타납니다. 가스레인지의 푸르스름한 불꽃이나 양초의 붉은 불꽃을 본 적이 있을 겁니다. 붉은 별은 비교적 온도가 낮은 별, 푸른 별은 온도가 높은 별입니다. 한마디로, 빛깔을 보면 별의 온도를 알 수 있어요.

북두칠성에서 북극성을 찾아보자

봄철 북쪽 하늘 높이 커다란 국자 모양의 북두칠성을 찾았다면 북극성을 찾을 수 있습니다. 별 일곱 개 가운데 국자의 물을 뜨는 바가지 끝 쪽 별 두 개를 이었을 때의 길이를 다섯 배로 더 늘이면 비슷한 밝기의 별(2등성)을 찾을 수 있어요. 바로 북극성입니다. 일 년 내내 언제나 북쪽 방향을 알려주는 별이지요.

← 북극성

작은곰자리

북극성

북극성은 작은곰자리의 꼬리 끝 별로, 작은곰자리는 북극성에서 시작하는 작은 국자 모양을 보고 찾으면 됩니다. 그리고 북두칠성은 큰곰자리의 등에서 꼬리까지 이르는 별들입니다. 즉, 북쪽 하늘에는 커다란 국자와 자그마한 국자가 있는데, 이것이 큰곰자리와 작은곰자리입니다. 어미 곰과 아기 곰은 북쪽 하늘을 빙글빙글 돌고 있는 것처럼 보입니다.

찾을 수 있을까? 북극성

북극성은 도심 하늘에서도 찾을 수 있는 별입니다. 알기 쉬운 북두칠성이나 카시오페이아자리를 이용하면 금세 찾을 수 있습니다. 저녁 하늘에 북두칠성이 북쪽 하늘 높이 떠오르는 계절은 봄입니다. 가을에는 북두칠성이 지평선에 가까워지니 높이 떠오르는 카시오페이아(43쪽)를 보고 찾아보세요.

손 각도기로 찾아보자

손을 각도기로 이용해 보는 것도 좋은 방법입니다. 팔을 쭉 펴고 주먹을 쥐면 약 **10도**, 엄지 손가락의 끝을 지평선에 맞춘 후 손바닥을 펼쳐 보자기를 만들면 약 **20도**, 나침반으로 정 북향을 찾은 후엔 지평선에서 35도 전후 높이에 빛나는 별이 북극성입니다.

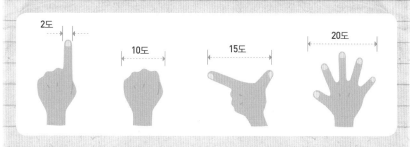

북극성이 바뀐다?

지금 북극성이라 부르는 별은 작은곰자 리의 꼬리 부분에 위치한 폴라리스입니 다. 모든 별은 거의 폴라리스를 중심으로 하여 그 주변을 하루에 한 번 시계 반대 방향으로 도는 듯 보이지요. 이는 지구의 회전축(지축)을 북쪽으로 곧장 따라간 방 향에 폴라리스가 있기 때문입니다.

그러나 지구의 지축은 약 2만 5,800년에 걸쳐 마치 팽이가 좌우로 돌며 움직이듯 '세차(歲差)'라 불리는 운동을 하는 중입니 다. 따라서 수천 년이 지나면 지축의 기 울기가 바뀌어 버리지요. 1만 2,000년 후 에는 직녀성의 거문고자리 베가가 북극 성이 되겠네요.

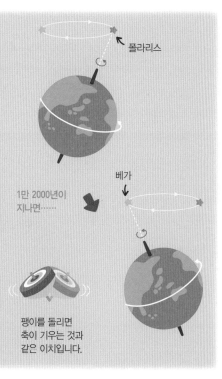

이 땅에 겨울이 오는 이유
처녀자리 신화

처녀자리는 풍요의 여신인 데메테르의 모습이라고 전해지고 있습니다. 데메테르에게는 애지중지하던 외동딸 페르세포네가 있었습니다. 그러던 어느 날, 저승 세계의 왕 하데스가 페르세포네를 억지로 끌고 가 버렸습니다. 데메테르는 슬픔을 이기지 못하고 지상에서 모습을 감추었습니다.

풍요의 여신이 지상에서 사라지자마자 땅에는 겨울이 찾아와 농작물이 하나도 여물지 않았습니다. 하늘에서 제일가는 신 제우스는 이 사실을 심각하게 받아들여 하데스에게 페르세포네를 당장 지상으로 돌려보내라고 명했습니다. 기쁨에 취한 페르세포네에게 하데스가 다정하게 말을 건넸습니다.

"가는 길에 목이 마르면 이 석류 열매를 먹으려무나."

사실 이것은 하데스의 못된 속셈이었습니다. 저승 세계의 음식을 입에 댄 자는 그 수만큼 저승 세계에서 살아야 한다는 법이 있었던 것이지요. 그런 사실을 알 리 없었던 페르세포네는 석류 열매 세 알을 먹고 말았습니다. 가여운 페르세포네는 1년 중 3개월을 저승 세계에서 살아야 하는 처지가 되었습니다.

페르세포네가 저승 세계로 가 있는 석 달 동안 데메테르는 슬픔에 겨워 지상에서 모습을 감췄습니다. 즉, 처녀자리가 보이지 않는 동안 땅에는 겨울이 찾아오고, 처녀자리가 떠오르면 봄이 온다는 이야기입니다.

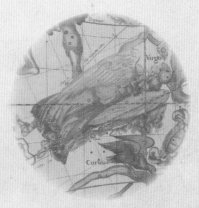

영웅에 맞서 싸운 괴물들

사자자리, 바다뱀자리, 게자리 신화

사자자리는 그리스 신화에 등장하는 네메아의 숲에 살던 식인 사자입니다. 이 것을 물리치러 온 사람이 바로 천하장사 헤라클레스였습니다. 헤라클레스는 어 린 시절에 저주를 받아 자신의 아이를 죽였고, 그 죄를 씻기 위해 열두 종류의 모 험에 나서야 했습니다.

헤라클레스는 덤불 속에 숨어 사자를 기다렸고 이윽고 밤이 되자 식인 사자가 어슬렁어슬렁 나타났습니다. 헤라클레스는 활시위를 당겼으나 아무리 화살을 맞 아도 식인 사자는 꿈쩍도 하지 않았습니다. 오히려 그를 향해 덤벼들었고, 헤라 클레스는 맨손으로 싸우기 시작했습니다. 하루, 이틀 밤이 지나도 식인 사자는 쓰러지지 않았고, 사흘 밤낮을 싸워 마침내 물리칠 수 있었습니다.

헤라클레스는 이번에는 아미모네 샘에 사는 바다뱀 히드라를 물리치러 나섰습 니다. 머리가 아홉 개나 달린 히드라는 샘에 물을 길러 오는 사람들을 공격했습 니다. 아미모네에 온 헤라클레스는 동굴에 있는 히드라를 찾아내 들고 있던 곤봉 으로 머리들을 차례차례 때려 떨어뜨렸습니다.

그러나 끔찍하게도 머리가 떨어진 부분에서 새 머리가 두 개 더 생겨났고, 머 리는 몇 십 개로 불어나 헤라클레스에게 달려들었습니다. 이에 헤라클레스는 갖 고 있던 횃불에 불을 붙여 머리가 떨어진 부분을 지졌습니다. 이 모습을 아미모 네 샘에 사는 커다란 괴물 게가 지켜보고 있었습니다. 히드라가 위험에 처했다는 사실을 알고 도와주러 온 괴물 게는 헤라클레스에게 단숨에 짓밟혔습니다.

봄철 밤하늘에는 헤라클레스가 물리친 사자자리, 바다뱀자리, 게자리가 한데 모여 있는 것이 보입니다. 여름철 별자리인 헤라클레스가 하늘에 떠오르면 이 세 별자리는 도망치듯 서쪽으로 저물지요.

여름의 대삼각형을 찾아보자

여름철 초저녁 하늘 높이 떠오르는 삼
각형이 '여름의 대삼각형'입니다. 이 세
별은 거문고자리의 베가, 독수리자리의
알타이르, 그리고 백조자리의 데네브입
니다. 베가는 견우와 직녀 이야기에 등
장하는 직녀성, 알타이르는 견우성입니
다. 맑은 하늘에서 보면 설화처럼 두 별
가운데에 은하수가 흐르고 있습니다.

집 근처에서도 찾을 수 있습니다.

마치 거대한 피자를
보는 것 같죠?

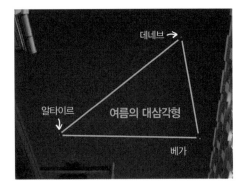

여름의 대삼각형

데네브 →

알타이르
↓

베가

찾아보자

여름의 대삼각형은 밝은 별을 이은 삼각형이기 때문에 도심 하늘에서도 찾을 수 있습니다.
가장 밝은 별은 거문고자리의 베가, 다음으로 밝은 별은 독수리자리의 알타이르, 그리고 가
장 어두운 별이 백조자리의 데네브입니다. 여름의 대삼각형이 하늘 한가운데쯤에 떠오르는
시기는 7월 중순 자정 전후, 8월 중순 23시경, 9월 중순 21시경입니다.

거문고자리

거문고자리는 베가에 가까이 있는 별을 찌부러진 상자처럼 사각형으로 묶은 모양을 보고 찾으면 됩니다. 이 사각형이 거문고, 서양식으로 비유하면 하프의 현 부분입니다. 서양에서 이 하프는 그리스 신화에 나오는 하프의 명수 오르페우스가 갖고 있었다고 전해집니다. 오르페우스가 하프를 타면 동물은 물론, 나무와 강까지 흠뻑 빠져들었다고 합니다. 베가는 아랍어로 '떨어지는 독수리'라는 뜻입니다. 우리에게는 '직녀성'이란 이름으로 더 유명합니다.

백조자리

백조자리는 꼬리에 있는 별 데네브에서 가까이에 있는 별을 이어 십자 모양을 만들면 됩니다. 꼬리에서 배, 목, 부리, 그리고 날개 부분을 십자 모양으로 따라가 보면 얼핏 백조 모양이 보입니다. 이 십자 모양은 북십자성이라고도 불립니다. 데네브는 약 3천광년이나 멀리 떨어져 있지만 매우 밝게 빛나는 청색초거성이며, 부리에 해당하는 알비레오는 소형 망원경으로도 보이는 아름다운 이중성입니다.

독수리자리

독수리자리는 알타이르와 그 양쪽에 있는 별을 이어서 만든 모양을 보고 찾으면 됩니다. 알타이르는 '날아가는 독수리'라는 뜻인데, 옛날 사람들은 양 날개에 있는 별을 합쳐서 마치 독수리가 날개를 활짝 펴고 날아가는 모습으로 상상했던 모양입니다. 거문고자리의 베가가 '떨어지는 독수리'라는 뜻이기 때문에 알타이르와 한 쌍을 이룹니다. 베가와 알타이르는 동양에서도 직녀와 견우로 짝을 이루고 있지요.

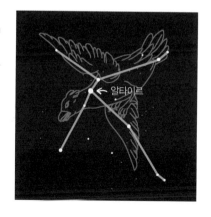

남쪽 S 모양은 전갈자리

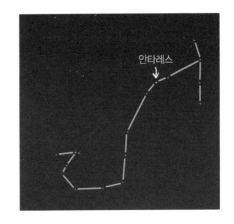

전갈자리는 7월 중순 22시경, 8월 중순 20시경 남쪽 하늘에 붉게 빛나는 별을 찾으면 볼 수 있어요. 그것은 안타레스라는 1등성인데, 안타레스에서 커다란 S 모양으로 별을 이어보세요. 여름에 잘 보이니까 Summer의 S로 생각하면 잘 외워지겠네요.

참고로 안타레스는 '화성의 적'이라는 뜻입니다. 행성인 화성과 누가 더 붉나 경쟁하듯 보이지요.

전갈자리

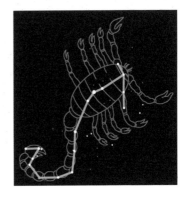

전갈자리의 별들은 꼬리를 동그랗게 구부린 전갈과 매우 흡사한 모양으로 늘어서 있습니다. 어떤 나라에서는 커다란 낚싯바늘 같다고 하여 '낚시별'이라고도 불립니다. 마치 은하수에 낚싯줄을 늘어뜨리고 커다란 물고기를 잡으려는 것처럼 보이기도 합니다. 전갈자리의 안타레스는 붉은 빛깔 때문인지 '주정뱅이별'이라는 재미난 이름도 있습니다.

안타레스 vs 화성

위에서 말한 것처럼, 안타레스는 '화성의 적'이라는 뜻을 가지고 있는데, 밤하늘에 화성과 나란히 있는 모습을 보면 그 말이 이해가 갑니다. 두 별 모두 붉은 빛깔을 띠고 있기 때문에 꼭 닮은 별로 착각하기 쉬운데, 사실 이 두 별은 전혀 다른 별입니다. 안타레스의 지름은 태양보다 약 720배나 큽니다! 태양의 지름이 지구의 109배이니 그 크기가 어마어마하지요? 스스로 붉은 빛을 내는 안타레스와 별의 표면 색깔이 붉은 화성. 두 별이 가까워졌을 때 한번 유심히 살펴보세요.

남두육성이란?

여름철 남쪽 하늘 낮게 국자 모양을 한 별 여섯 개가 보이면, 그것이 바로 '남두육성'입니다. '응? 북두칠성이 아니고?'라고 생각하기 쉬운데, 예로부터 중국에서는 북쪽에 뜨는 것은 북두, 남쪽에 뜨는 것은 남두로 짝을 지어 보곤 했습니다. 남두육성을 보

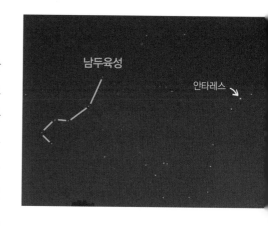

고 찾을 수 있는 별자리는 궁수자리입니다. 전갈자리의 안타레스를 먼저 찾고 나서 동쪽을 살펴보면 됩니다.

궁수자리

궁수자리의 궁수는 활을 쏘는 사람을 뜻합니다. 궁수자리는 상반신이 인간이고 하반신이 말인 모습을 나타내는데, 이는 그리스 신화에 나오는 켄타우로스 족입니다. 그중에서도 궁수자리가 된 케이론은 머리가 아주 비상하여 그리스 신화에 나오는 여러 사람들에게 무술이나 말타기 기술을 가르친 인물입니다.

도망가는 전갈자리와 쫓아가는 궁수자리

별자리 위치를 보면 전갈자리의 심장에서 빛나는 안타레스를 궁수자리의 케이론이 겨냥하고 있는 것처럼 보입니다. 전갈자리와 궁수자리는 시간이 흐르면서 남쪽에서 동쪽으로 이동하기 때문에 마치 궁수자리가 전갈자리를 쫓아가는 것 같기도 합니다.

한여름 밤의 사랑 이야기

베가(직녀성)와 알타이르(견우성)의 신화

하늘나라에 사는 옥황상제의 외동딸 직녀는 베 짜는 일을 했습니다. 직녀가 짜는 천은 무척 아름다웠습니다. 직녀는 하루도 빼놓지 않고 공을 들여 베틀로 베를 짰습니다. 그러다 베만 짜는 딸을 가엾이 여긴 옥황상제가 은하수 동쪽 둔덕에 사는 목동 견우를 사위로 맞이했습니다.

금세 가까워진 둘은 꽃을 따기도 하고 은하수에서 놀기도 했습니다. 하루하루 즐거움에 취해 시간은 눈 깜짝할 새에 흘러갔습니다.

어느덧 직녀는 베를 짜지 않게 되었고, 견우도 소를 돌보지 않았습니다. 견우와 직녀가 일을 게을리 하자 옥황상제는 무척 노여워했고, 결국 은하수를 사이에 두고 두 사람을 따로 떨어뜨려 놨습니다. 둘은 울며불며 빌었지만 옥황상제는 노여움을 거두지 않았습니다.

머지않아 두 사람은 다시 일을 하게 되었습니다. 옥황상제는 이 모습을 보고 일 년에 한 번, 칠월칠석날 밤에만 둘이 만나도록 허락했습니다. 칠월칠석날 밤이 되면 어디선가 까치와 까마귀가 날아와 은하수에 오작교라는 다리를 놓아 주었습니다. 그렇게 해서 두 사람은 다시 만날 수 있게 되었답니다.

아름다운 음색과 슬픈 결말
거문고자리 신화

그리스에 오르페우스라는 하프의 명수가 있었습니다. 오르페우스가 타는 하프의 음색은 너무도 아름다워 숲 속 동물은 물론이고 나무나 강까지도 푹 빠져들었습니다. 오르페우스에게는 에우리디케라는 아름다운 아내가 있었는데, 어느 날 에우리디케가 숲에 꽃을 따러 갔다가 독사에게 물려 죽고 말았습니다.

아내를 그냥 보낼 수 없었던 오르페우스는 지하의 저승 세계를 찾아갔습니다. 저승 세계는 케르베로스라는 무시무시한 파수꾼 개가 입구를 지키고 있었습니다. 오르페우스는 온 정성을 다해 하프를 타며 입구를 열어 달라고 부탁했고, 슬픈 하프의 음색을 들은 케르베로스는 오르페우스를 지나가게 해주었습니다.

이윽고 오르페우스는 저승 세계의 왕 하데스를 찾아가 흐느끼며 아내를 돌려보내 달라고 간곡히 청했습니다. 죽은 사람을 지상으로 다시 보낼 수는 없는 노릇이지요. 그러나 오르페우스의 슬픈 하프 소리는 저승 세계 가득히 울려 퍼져 눈물을 흘리지 않는 이가 없었습니다. 이를 본 하데스는 이번에만 특별히 돌려보내 주겠다고 말했습니다. 기뻐하는 그에게 하데스는 한 가지 조건을 내걸었습니다.

"저승 세계에서 밖으로 나가는 동안 결코 뒤돌아 에우리디케를 보아선 안 된다."

약속을 한 오르페우스는 뒤에 에우리디케를 데리고 어두운 동굴을 올라갔습니다. 가는 길에 몇 번이고 뒤를 돌아보고 싶은 마음이 들었지만, 그때마다 하데스와 나눈 약속을 떠올리며 밖으로 향하는 발길을 서둘렀습니다.

머지않아 희미한 빛이 보였습니다. 안심한 오르페우스는 하데스와 한 약속을 잊고 그만 뒤를 돌아보고 말았습니다. 그러자 에우리디케는 곧장 저승 세계로 끌려가 두 번 다시 모습을 드러내지 않았습니다. 홀로 지상으로 돌아온 오르페우스는 슬픔에 겨워 강에 몸을 던졌습니다. 강 위로 흘러가는 하프를 발견한 신이 밤하늘로 그것을 올려 별자리로 만들었다고 전해집니다.

가을 하늘의 깃발별!

가을철 밤하늘은 밝은 별이 적어서 조금은 외로워 보입니다. 하지만 하늘 높이 사각형 모양을 이루는 별을 보고 찾을 수 있는 페가수스자리의 '가을의 대사각형'은 도심 하늘에서도 볼 수 있지요. 이 사각형을 커다란 깃발로 여겨 '깃발별'이라 부르는 나라도 있습니다. 가을에 보이는 이 커다란 깃발별은 마치 깃발을 흔들며 응원하는 것처럼 보이기도 합니다.

가을의 대사각형

알페라츠

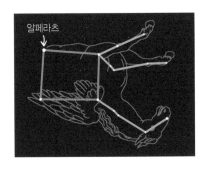

알페라츠

페가수스자리

페가수스자리는 신화 속에 등장하는 하늘을 나는 말을 나타내는 별자리입니다. 말의 몸통인 가을의 대사각형에서부터 목과 머리, 앞다리까지 꽤 잘 만들어졌지요? 가을의 대사각형을 이루는 별 중 알페라츠는 '말의 배꼽'이라는 뜻인데, 사실 페가수스자리를 이루는 별은 아닙니다. 이웃 별자리인 안드로메다자리에 속하는 별이지요. 페가수스자리의 뒤쪽 절반은 안드로메다자리입니다.

안드로메다자리

안드로메다자리는 가을의 대사각형을 이루는 별 중 알페라츠를 중심으로 안드로메다의 영어 알파벳 첫 글자 'A' 모양을 만들고 있습니다. 깃발별을 찾았을 때 깃발 손잡이 부분에 해당하는 곳이 안드로메다자리라고 기억해 두면 됩니다. 하늘이 맑은 장소에서는 맨눈으로 안드로메다은하를 볼 수 있으니 꼭 한번 찾아보세요.

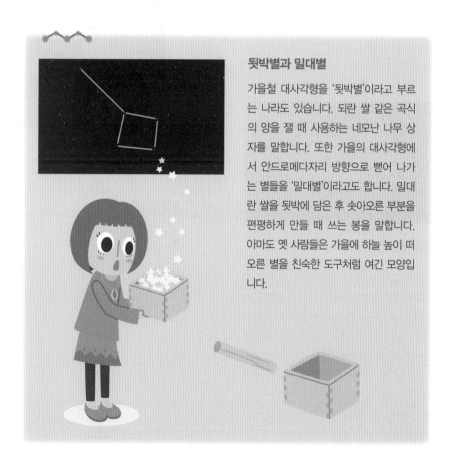

됫박별과 밀대별

가을철 대사각형을 '됫박별'이라고 부르는 나라도 있습니다. 되란 쌀 같은 곡식의 양을 잴 때 사용하는 네모난 나무 상자를 말합니다. 또한 가을의 대사각형에서 안드로메다자리 방향으로 뻗어 나가는 별들을 '밀대별'이라고도 합니다. 밀대란 쌀을 됫박에 담은 후 솟아오른 부분을 편평하게 만들 때 쓰는 봉을 말합니다. 아마도 옛 사람들은 가을에 하늘 높이 떠오른 별을 친숙한 도구처럼 여긴 모양입니다.

가을철에 보이는 오직 하나뿐인 1등성은?

가을철 별자리를 이루는 별 중에 딱 하나뿐인 1등성은 '포말하우트'라는 별입니다. 가을의 대사각형의 서쪽 변을 묶어 아래로 쭉 따라가 보면 밝게 빛나고 있지요. 포말하우트는 10월 중순 22시경, 11월 중순 20시경에 남쪽 하늘에 외로이 빛나는 것처럼 보입니다. '남쪽 외톨이별'이나 '가을철 외톨이별'이라 부르는 나라도 있습니다.

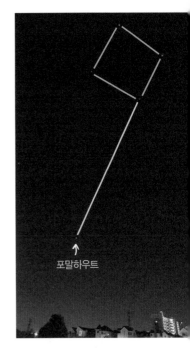

포말하우트

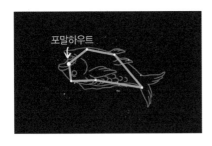

포말하우트

남쪽물고기자리

밝은 도심 하늘에서는 포말하우트가 있는 지점에서 쌍안경으로 근처의 어두운 별들을 더듬어 가면 남쪽물고기자리를 찾을 수 있습니다. 포말하우트는 '물고기의 입'이라는 뜻인데, 남쪽물고기자리의 입 부분에 자리하고 있지요. 남쪽물고기자리는 생선이 뒤집힌 모양을 하고 있는데, 어떤 사람들은 위에서 흘러떨어지는 술을 너무 많이 마셔서 생선이 술에 취했기 때문이라고도 합니다.

가을부터 겨울까지는 'W' 모양으로 북쪽을 알 수 있다!

북극성을 찾을 때는 보통 북두칠성을 이용하라고 배우지요. 그러나 북두칠성은 봄부터 여름 초저녁까지는 하늘 높이 보이기 때문에 관찰하기 좋지만, 가을부터 겨울까

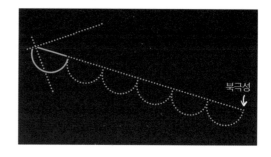

지는 지평선 가까이에 오기 때문에 찾기가 어렵습니다. 가을부터 겨울까지는 카시오페이아자리를 이용해 북극성을 찾을 수 있습니다.

카시오페이아자리의 양쪽 가장자리에 있는 별을 각각 이어서 위로 쭉 뻗어 올라갑니다. 산 두 개를 큰 산 하나로 만든다고 생각하면 됩니다. 산 정상과 계곡에 있는 별을 이은 거리를 다섯 배 정도 더 늘이면 북극성이 보입니다.

카시오페이아자리

카시오페이아는 에티오피아의 왕비이자 안드로메다 공주의 어머니입니다. 마치 안드로메다 공주 근처를 지키고 있는 듯합니다. 10월 중순에는 한밤중에, 12월 중순에는 20시경에 북쪽 하늘 높이 보입니다. 다섯 개의 별을 이으면 만들어지는 알파벳 W 모양을 보고 찾으면 되지요. 산을 두 개 합친 모양이라고 해서 '산 모양 별'이라고 불리기도 합니다.

럭키 세븐을 찾아보자!

카시오페이아자리에 있는 별 방향으로 쌍안경을 대고 보면 그 자리에 숫자 7 모양을 이루는 별들이 보입니다. 이 모양을 찾았다면 운이 좋은 거예요! 꼭 럭키 세븐을 찾아보세요.

가을철 밤하늘은 신비로운 동화책

고대 에티오피아 왕가와 관련된 신화

**(안드로메다자리 , 페가수스자리 , 카시오페이아자리 , 고래자리 ,
페르세우스자리 , 케페우스자리)**

가을철 별자리에는 고대 에티오피아 왕가 이야기에 나오는 등장인물들이 한데 모여 있습니다.

옛날 옛적 에티오피아는 케페우스 왕과 카시오페이아 왕비가 사이좋게 다스리고 있었습니다. 둘 사이에는 안드로메다 공주라는 아름다운 외동딸이 있었는데, 카시오페이아 왕비는 이 아름다운 딸을 늘 자랑스러워했습니다.

그러던 어느 날, 카시오페이아 왕비는 무심결에 "안드로메다 공주는 바다의 신을 섬기는 요정들보다 아름답다."라는 말을 내뱉고 말았습니다. 이 말을 들은 바다의 신은 크게 노하여 바다 괴물 케투스를 에티오피아로 보냈습니다.

케투스가 나타나자 에티오피아는 아수라장이 되었습니다. 바다의 신은 이 소란을 잠재우기 위해 안드로메다를 케투스의 제물로 바치라고 했고, 케페우스 왕은 어쩔 수 없이 결단을 내렸습니다. 가여운 안드로메다 공주는 바다 근

처 바위에 쇠사슬로 묶여 케투스의 제물로 바쳐질 처지에 놓였습니다.

한편 그리스에는 페르세우스라는 용사가 있었습니다. 페르세우스는 마녀 메두사를 물리치러 갔습니다. 메두사란 괴물 고르곤 세 자매 중 하나로, 금빛 독수리 날개에 철로 된 비늘, 날카로운 엄니, 그리고 뱀으로 된 머리카락을 가졌습니다. 무엇보다 메두사의 무시무시한 모습을 한 번이라도 본 사람은 돌로 변하게 하는 마력을 지녔습니다. 페르세우스는 꾀를 내어 메두사를 직접 보지 않고 방패에 비친 메두사를 보면서 천천히 다가가 재빠르게 목을 검으로 베어 냈습니다.

돌아오는 길에 페르세우스는 천마 페가수스를 타고 에티오피아 상공을 날아 갔습니다. 그러던 중 당장이라도 안드로메다를 집어삼키려는 케투스를 보았습니다. 페르세우스는 가지고 있던 메두사의 머리를 케투스에게 보여 주었고, 메두사의 눈을 본 케투스는 곧장 커다란 바위가 되어 바다 속으로 가라앉았습니다.

이렇게 페르세우스는 멋지게 바다 괴물을 물리치고 안드로메다 공주를 구했습니다. 그 후 두 사람은 결혼하여 행복하게 살았다고 합니다.

하루하루 위치가 달라지는 행성

태양은 스스로 빛을 내는 항성입니다.
반면 태양과 같은 항성 주변을 돌며 햇
빛을 반사해 빛나는 별을 행성이라고 부
르지요. 태양의 행성은 태양에서 가까운
순서대로 수성, 금성, 지구, 화성, 목성,
토성, 천왕성, 해왕성이 있습니다. '수, 금,
지, 화, 목, 토, 천, 해'로 외우곤 합니다.

예전에 이에 포함되었던 명왕성은 지
금은 행성과는 다른 왜소행성으로 분류
됩니다.

행성은 언제 보일까?

행성은 '떠돌이별'로 불리는 데서 알 수 있듯 매일 몇
시에 어느 방향에서 나타난다고 정해져 있지 않습니
다. 하지만 밝은 것이 많아 별자리에 있는 별들보다 눈
에 잘 띕니다. 행성의 위치는 자꾸 바뀌기 때문에 인터
넷 또는 천문대나 플라네타륨에 물어봐도 좋습니다.

첫 별을 찾아보자!

첫 별이란, 해가 저물고 가장 먼저 떠오르는 별을 말
합니다. 첫 별은 누구든 찾을 수 있지요! 첫 별이라고
하면 금성을 떠올리기 쉬운데, 별자리에 있는 별이
가장 먼저 떠오를 때도 있습니다. 하지만 행성이 가
장 먼저 떠오르는 일이 비교적 많으니 첫 별에 대한
정보를 알아보고, 행성이라면 한번 직접 찾아보세요.

수성

수성은 밝게 보이지만, 보기가 무척 어려운 행성이기도 합니다. 그 이유는 태양과 가깝기 때문에, 태양이 저문 직후 서쪽 낮은 하늘이나 태양이 떠오르는 새벽녘 동쪽 낮은 하늘에서밖에 보이지 않기 때문이지요. 수성을 보려면 되도록 태양에서 떨어진 위치에 왔을 때, 즉 일몰 후 한 시간이나 일출 전 한 시간 안에 봐야 합니다! 수성을 봤다면 누군가에게 우쭐대도 됩니다.

사진: 곤도 히로유키

금성

금성은 밤하늘 별 중에서 달 다음으로 밝은 별이기 때문에 아마 한 번쯤은 본 적이 있을 겁니다. 하지만 새벽에 남쪽 하늘에서 이 별을 봤다는 사람이 있다면 그것은 금성이 아닙니다. 금성은 해질녘부터 초저녁의 서쪽 하늘이나 동틀 녘의 동쪽 하늘에서만 볼 수 있기 때문이지요. 따라서 금성은 '새벽녘 샛별'이라고 달리 부르기도 한답니다.

사진: 빅센

화성

화성은 붉은색을 보고 찾으면 됩니다. 화성은 2년 2개월마다 잘 보이는 시기가 돌아옵니다. 그 이유는 지구와 화성이 2년 2개월마다 반드시 가까이 다가서기 때문이지요. 이것을 '화성의 대접근'이라고 합니다. 2016년 5월, 그 다음은 2018년 7월로 예정되어 있습니다. 망원경으로 관찰하면 붉그스름한 모양이 보입니다.

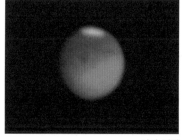

사진: 빅센

태양계에서 가장 큰 행성

목성

태양 주변을 도는 행성은 모두 태양계라는 그룹에 속해 있습니다. 그중에서 가장 큰 행성은 목성입니다. 가로로 지구가 11개 정도 늘어설 수 있는 크기예요. 만약 비행기로 목성 주변을 한 바퀴 빙글 돈다면 18일이나 걸릴 정도의 거리입니다. 목성은 커다란 가스 덩어리로 이루어진 행성입니다.

사진: 빅센

트레이드마크는 고리

토성

토성은 고리를 보고 찾을 수 있습니다. 망원경으로 보면 아마 그 아름다운 자태에 '와' 하고 탄성을 지를 거예요. 토성의 고리는 토성 주변을 도는 얼음이나 바위들로 이루어져 있습니다. 또한 토성의 본체는 가벼운 가스인 수소로 이루어져 있습니다. 만약 토성이 들어갈 만큼 거대한 수영장이 있다면 수영장 물에 둥둥 떠오를 정도로 가벼운 행성입니다.

사진: 빅센

토성의 고리가 사라진다!?

30년마다 한 바퀴

토성에는 당연히 늘 고리가 있을 거라고 생각하겠지만, 사실 15년에 한 번씩 고리가 사라집니다.

토성의 고리는 지구에서 보면 30년에 걸쳐서 기울기를 바꿉니다. 15년마다 정확히 옆으로 눕는데, 각도가 수평을 이루면 고리가 보이지 않지요. 이것은 토성의 고리가 폭은 넓지만 두께가 가늘기 때문입니다. 얇은 종이를 누이면 앞에서 잘 보이지 않는 것과 같은 이치입니다.

2009년 9월에 고리가 보이지 않았기 때문에 다음은 2025년 차례네요. 놓치지 마세요!

어떤 별인지
헷갈리면?

별자리판을 사용해 보자

별자리를 무척 편리하게 찾을 수 있는 별자리판. 별을 볼 때 꼭 필요한 도구입니다. 자신에게 맞는 별자리판을 꼭 준비해 보세요. 너무 작으면 어둠속에서 보기 어려우니 처음에는 조금 큰 것이 좋습니다. 저도 어릴 때 샀던 플라스틱으로 된 별자리판을 지금도 소중히 쓰고 있습니다.

사용법

별자리판은 날짜와 시각을 맞춰 놓으면 몇 월 며칠에 어떤 별이 보이는지 알려주는 물건입니다. 판을 돌려서 보고 싶은 날짜와 시각을 맞춰 보세요. 그러면 원 안에 하늘이 나옵니다. 다음엔 보고 싶은 방향을 아래로 오게 해 보세요. 예를 들어 북쪽 하늘을 보고 싶으면 별자리판을 거꾸로 돌려 북쪽을 아래로 오게 하는 겁니다. 밤하늘과 비교하면서 별을 살펴보세요.

보고 싶은 별을 찾으려면?

별자리판은 보고 싶은 별을 찾을 때도 유용하게 쓸 수 있습니다. 예를 들어 오리온자리의 베텔게우스를 찾고 싶다면 베텔게우스가 정남향에 오도록 별자리판을 회전시켜 몇 월 며칠 몇 시가 나와 있는지 보세요. 그 시각에 정남쪽을 보면 베텔게우스를 찾을 수 있습니다. 또한 보고 싶은 별이 떠오르거나 저무는 시각도 마찬가지 방법으로 알아낼 수 있습니다. 단, 별자리판에는 달이나 행성은 나오지 않는다는 점을 유의하세요.

어떤 모양이 보일까? '달'

달을 보면 희끄무레한 부분과 거무스름한 부분이 있습니다. 옛날 사람들은 달의 검은 부분을 바다라고 불렀습니다. 그러나 달에 물로 이루어진 바다가 있을 리는 없지요. 거무스름한 부분은 현무암입니다.

도심의 눈부신 불빛 속에서도 달은 또렷이 빛납니다.

보름달은 태양과 반대로 여름에는 하늘 낮게, 겨울에는 높이 지나갑니다. 한국이나 일본, 중국에서는 음력 8월 15일을 추석, 또는 중추절 등으로 부르며 달맞이를 하지요.

나라에 따라 이렇게 다르다니!

✦ 제각각 다른 달 모양 ✦

달 모양을 보는 시선도 나라에 따라 다릅니다. 남아메리카에서는 당나귀, 남유럽에서는 게라고 하지요. 재미있게도 동유럽에서는 여인의 옆모습으로 본다고 합니다. 한국에서 토끼의 귀로 보고 있는 부분이 바로 여인의 머리카락입니다.

✦ 한국에서는 ✦

한국에서는 바다 모양이 마치 토끼가 떡방아를 찧고 있는 듯 보인다고 하여 달에는 토끼가 산다는 이야기가 전해 내려오지요. 절구를 놓고 절굿공이를 든 토끼가 떡을 찧고 있는 모습이 보이나요? 어떤 나라에서는 사슴벌레를 닮았다고들 합니다.

달빛은 햇빛

달은 햇빛을 반사하여 빛을 냅니다. 그 말인 즉슨 달이 빛나는 쪽에는 반드시 태양이 있다는 뜻이지요. 태양이 저문 후에 서쪽 하늘에 보이는 초승달은 태양이 있는 서쪽이 보이는 것입니다. 또 새벽녘에 동쪽에 보이는 스물이레째 달(초승달을 뒤집은 모양)은 태양이 있는 동쪽이 보이는 것이지요. 물론 지평선 아래에 있는 태양은 보이지 않지만, 여러분이 우주 공간에 있다고 생각해 보세요. 달이 빛나는 쪽에는 항상 태양이 있습니다.

북유럽
커다란 집게를 가진 게

동유럽
여인의 옆모습

남유럽
책 읽는 할머니

중국
울부짖는 사자

남아메리카
당나귀

아랍
두꺼비

오늘 밤 달은 어떤 모양일까?

달은 햇빛을 반사해서 빛나는 지구의 위성입니다. 지구에서 봤을 때 햇빛이 비치는 부분이 빛나는 것처럼 보이기 때문에 매일 모양이 달라지지요. 달이 태양이 있는 방향에 왔을 때를 신월이라 하는데, 낮에 태양과 함께 움직이기 때문에 달은 보이지 않습니다. 태양에서 90도 떨어진 위치에

햇빛

왔을 때는 반달, 태양과 정반대에 왔을 때는 보름달입니다.

달이 지구 주변을 한 바퀴 도는 데 27.3일이 걸리는데, 신월에서 다음 신월까지는 29.5일이 걸립니다. 이는 달이 지구 주변을 한 바퀴 도는 사이에 지구도 태양 주변을 도는데, 바로 그 시간이 더해지기 때문입니다.

˚↘ 차고 이지러지는 달과 명칭 ↙˚

1일째 신월	3일째 초승달	7일째 상현달
26일째 그믐달	23일째 하현달	15일째 보름달

기타 한자문화권에서 불리는 달의 이름

13일쯤: 십삼야	16일쯤: 십육야	19일쯤: 침대월, 와대월
14일쯤: 소망월	17일쯤: 입대월	20일쯤: 갱대월
15일쯤: 십오야, 망월	18일쯤: 거대월	

매일 달을 관찰해 보자

달을 매일 보면 그 형태와 위치가 바뀌어 간다는 사실을 알 수 있습니다. 매일 같은 시각에 달을 볼 수 있을 때 꾸준히 관찰해 보세요. 관찰할 때는 초승달에서 보름달이 되는 과정을 보는 것이 좋습니다.

미리 언제 초승달이 뜨는지 알아둡니다. 관찰은 항상 같은 시각과 장소를 기준으로 해야 합니다. 20시에 집 베란다, 같은 식으로 정해 두면 좋습니다. 초승달은 태양이 저문 서쪽 하늘에서 볼 수 있어요. 반달은 남쪽 하늘에서, 보름달은 태양과 반대쪽에 있으니까 태양이 저문 후 동쪽에서 떠오릅니다. 매일 관측해서 그림을 그려 보면 조금씩 달이 동쪽으로 이동해 가는 모습을 볼 수 있습니다.

초승달의 기울기도 눈여겨보자!

날이 저물기 직전 초승달은 계절에 따라 기울기가 달라요. 봄에는 옆으로 누운 것처럼 보이고 가을에는 서 있는 것처럼 보입니다. 꼭 직접 눈으로 확인해 보세요.

봄   가을

해가 저물 때쯤 달의 위치와 모양

지구에서 가장 가까운 항성, 태양

태양은 지름이 지구의 109배, 질량은 약 33만 배
나 되는 항성입니다. 항성이란 스스로 빛을 내는
별을 말합니다. 태양은 거대한 가스 덩어리로 이
루어진 별인데, 수소를 헬륨으로 바꾸는 '핵융합
반응' 현상 때문에 빛이 나는 것입니다.

2014년 10월 24일에 촬영된 흑점. 작
게 보이지만 지름이 지구의 10배나
됩니다.

　태양의 표면 온도는 약 6,000도. 망원경으로
안전하게 관측하면 태양 표면에 검은 점이 자주
보이지요. 흑점이라 불리는 이 부분은 주위에 비하여 온도가 낮습니다.

태양이 지나는 길

태양은 계절에 따라 떠오르는 방향이나 높이가 달라지지요. 일 년 중 태양이 가장 높이 뜰 때
를 하지라고 합니다. 하지에 태양은 정확한 동쪽보다 북쪽 가까운 곳에서 떠올라 남쪽 하늘
높은 곳을 지나고, 정확한 서쪽보다 북쪽에 치우쳐 저뭅니다. 춘분, 추분에는 낮과 밤의 길이
가 같기 때문에 태양이 동쪽에서 떠올라 남쪽 하늘을 지나 서쪽으로 집니다. 동지 때 태양은
정확한 동쪽보다 남쪽 가까운 곳에서 떠올라 일 년 중 남쪽 하늘을 가장 낮게 지나고, 정확한
서쪽보다 남쪽에 치우쳐 저뭅니다.

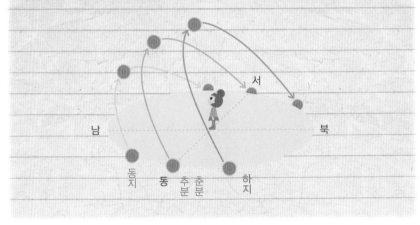

태양을 관찰해 보자

태양을 자세히 관찰해 보면 여름과 겨울에 지나는 길이 상당히 다릅니다. 여름의 태양은 하늘 높은 곳을 지나가기 때문에 낮에 그림자를 보면 짧아져 있는데, 겨울에는 길지요.

태양을 관찰할 때는 직접 보면 눈을 다칠 수 있기 때문에 반드시 보호안경 같은 것을 써야 합니다. 특히 쌍안경이나 망원경으로는 절대 직접 태양을 보면 안 됩니다. 태양 전용 선글라스를 쓰는 등 충분히 주의를 기울여 관찰해야 합니다. 매일 같은 시각에 태양이 지나는 곳을 건물이나 산 등을 기준으로 스케치해 두면 지나가는 길이 다르다는 사실을 알 수 있습니다.

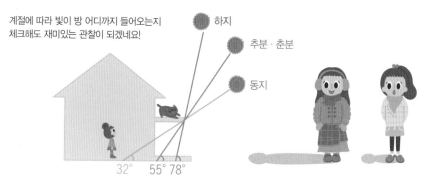

계절에 따라 빛이 방 어디까지 들어오는지 체크해도 재미있는 관찰이 되겠네요!

하지
추분·춘분
동지

32° 55° 78°

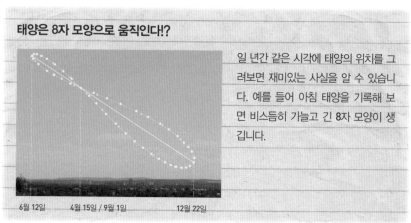

태양은 8자 모양으로 움직인다!?

일 년간 같은 시각에 태양의 위치를 그려보면 재미있는 사실을 알 수 있습니다. 예를 들어 아침 태양을 기록해 보면 비스듬히 가늘고 긴 8자 모양이 생깁니다.

6월 12일   4월 15일 / 9월 1일   12월 22일

태양이 지나는 길에 있는 별자리, 황도 12궁

별자리 중에서 가장 역사가 깊은 별자리는 생일 별자리입니다. 생일 별자리는 태양이 지나는 길(황도) 위에 보이는 별자리로, 달력 대신 사용되었습니다. 태양이 황도 위를 움직여 한 바퀴 돌면 일 년입니다. 옛날 사람들은 별의 움직임을 보고 계절의 변화를 알았지요.

황도 12궁은 별자리 운세를 보는 데 쓰이게 되었습니다. 엄밀히 말하면 별자리 운세에는 황도 위의 열두 가지 별자리가 아니라 황도 위를 12등분한 것이 사용됩니다. 큰 별자리도 있고 작은 별자리도 있기 때문에 별자리를 열두 개로 나누면 큰 별자리에는 많은 사람들이 해당되고 작은 별자리에는 해당되는 사람이 적어지기 때문입니다.

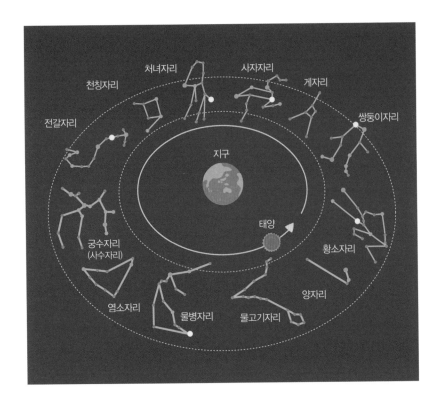

이야기로 이어지는 별자리

열두 개의 생일 별자리는 언뜻 제각각으로 보이지만, 서로 연결되어 있습니다. 예를 들어 처녀자리 옆에 천칭자리가 있는데, 천칭은 정의의 여신 아스트라이아(처녀자리)가 인간의 선악을 판가름할 때 쓰던 것입니다. 물고기자리와 염소자리는 괴물 티폰에게 쫓긴 신들이 도망칠 때 변신한 모습입니다. 또한 사자자리와 게자리는 헤라클레스가 물리친 괴물들의 별자리입니다.

생일 때 내 별자리가
보이지 않는다?

생일 별자리는 생일에 보인다고 생각하는 사람이 많은데, 사실 생일 별자리는 생일에 보이지 않습니다. 원래 생일 별자리는 태어난 날에 태양이 자리하고 있던 별자리로 정한 것입니다. 태양이 자리하고 있다는 말은 태양이 낮에 보인다는 말이지요. 지구의 세차에 따라 엇갈리기는 했지만, 지금도 생일에는 잘 보이지 않습니다. 생일이 오기 4~5개월 전 21시경에 봐야 잘 보입니다.

국제우주정거장(ISS)을 찾아보자

국제우주정거장

국제우주정거장은 미국, 러시아, ESA(유럽우주기구), 일본 등 국제 파트너 각국이 협력하여 만든 우주 실험실로, 상공 400km의 지구 주변을 90분에 걸쳐 한 바퀴 돕니다. 우주 환경에서 갖가지 실험을 하여 지구에서의 생활이나 산업에 도움을 주기 위해 만들어졌지요.

그런 국제우주정거장을 지상에서도 볼 수 있습니다. 쌍안경이나 망원경은 필요하지 않지요. 밝은 도시에서도 볼 수 있으니까요. 미리 시간과 방향을 알 수 있으니 한번 찾아보시기 바랍니다.

한국의 이소연 박사가 TMA-12를 타고 올라가 미션에 합류했었다

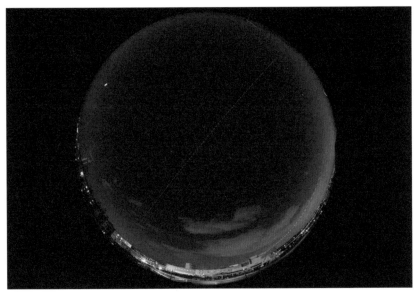

1초 간격으로 촬영한 사진을 합성한 국제우주정거장의 빛의 궤적

어떨 때 보일까?

국제우주정거장을 포함한 인공위성이 빛나는 것은 달이나 행성과 마찬가지로 햇빛을 반사하기 때문입니다. 한밤중에는 지구 그림자에 들어가기 때문에 보이지 않고, 낮이나 하늘이 밝은 때에도 볼 수 없지요. 볼 수 있는 기회는 날이 저문 후 약 2시간과 날이 밝기 전 약 2시간입니다.

˙＼ 이런 인공위성은 보일지도 몰라요! ／˙

허블 우주망원경

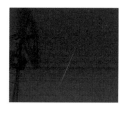

이리듐 위성

위성 휴대전화로 사용되고 있는 이리듐 위성은 안테나의 반사율이 높고 햇빛이 닿았을 때 무척 밝게 빛나는 '이리듐 플레어'로 알려져 있습니다.

˙＼ 이건 인공위성이 아니에요! ／˙

비행기

빛이 반짝반짝하는 것은 비행기입니다. 국제우주정거장은 빛의 점이 움직이는 것처럼 보이기 때문에 바로 알 수 있어요.

국제우주정거장의 관측 정보를 알 수 있는 사이트

인터넷에 '국제우주정거장을 봐요'라는 사이트가 있으니 관측하기에 좋은 날짜나 시각, 방향 등을 알아보세요. 관찰을 하기 위해서는 가능한 한 하늘이 확 트인 곳이 좋습니다. 밝은 별이 하늘을 가로질러 가는 듯한 느낌으로 보이는데, 지구 그림자에 들어가면 확 어두워지지요. 갑자기 사라져 버리는 것처럼 보이지만, UFO가 아닙니다.

- '희망'을 봐요
http://www.nasa.gov/mission_pages/station/main/index.html 나사의 ISS 공식 홈페이지
- ToriSat – 국제우주정거장을 봐요
http://www.sightspacestation.com/
※현재의 장소에서 언제 어떤 ISS를 볼 수 있는지 동영상으로 확인할 수 있어요.

외계인에게 보내는 메시지

넓디넓은 우주. 지구 말고 다른 곳에도 생물이 살지 모른다고 생각해 본 적 없나요? 과학자들도 비슷한 생각을 했는지 외계인에게 보내는 메시지를 담은 탐사기를 우주로 날린 적이 있습니다.

1972년과 이듬해 1973년에 쏘아올린 파이오니아 10호와 11호에는 지구인의 모습 및 태양계 정보가 그려진 금속판이 달려 있습니다. 어디에선가 파이오니아를 만난 외계인이 금속판 정보를 보고 지구에 연락해 오기를 기대한 것이지요.

1977년에 쏘아 올린 보이저호 두 대에는 세계 각국 사람들과 동식물 사진, 여러 가지 음악이나 자연의 소리, 55가지 언어로 된 인사말 등을 넣은 골든 레코드를 실었습니다.

보이저 1호는 현재 태양계를 떠나 우주여행을 이어가고 있습니다. 외계인이 레코드를 듣게 될 날은 과연 언제일까요?

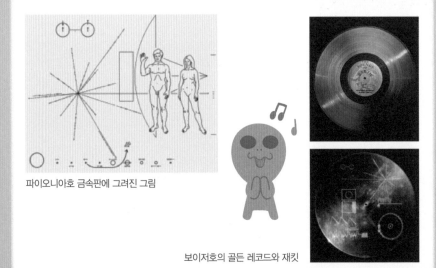

파이오니아호 금속판에 그려진 그림

보이저호의 골든 레코드와 재킷

제2장

야외에서 별 관찰하기

바다나 산으로 갈 때는 꼭 밖에서 하늘을 바라보세요. 밤하늘에 별이 무척 많다는 사실을 알 수 있을 거예요. 여름철 별자리 가운데 빛나는 짙은 은하수나 겨울 별자리 가운데 자리한 희미한 은하수도 아주 멋집니다.

별자리가 보일까?

도심의 밝은 하늘에 익숙해져 있으면 반대로 별이 가득한 하늘을 보고 당황할지도 모릅니다. 별이 너무 많으면 별자리를 찾아내는 것도 보통 일이 아니지요.
하지만 가득한 별 가운데 원하는 별자리를 발견했을 때의 기쁨이란 아마 평생 잊을 수 없을 겁니다. 별이 가득한 하늘의 아름다움을 즐기면서 별자리를 하나둘씩 외워 보세요.

어떤 곳이 좋을까

별을 보기 위해서는 빛이 없는 곳으로 가야 합니다. 일단 거리의 불빛이나 가로 등이 없고 어두운 곳이라면 어디든지 좋습니다.

하지만 어두운 줄 알고 가 봐도 가로등이나 자동판매기 등 밝은 빛 때문에 생각보다 별이 잘 보이지 않기도 하지요. 별을 처음 보러 나간다면, 하늘을 보기에 좋은 숙소나 천문대가 있는 펜션이나 캠프장을 추천합니다. 별을 잘 아는 직원이 있다면 여러 가지 정보를 알려줄 거예요.

차를 타고 나갈 때는 산 위쪽에 자리한 전망대나 휴게소도 좋습니다. 화장실 이 있다는 사실이 아주 큰 도움이 되지요!

잘만 본다면 여름의 대삼 각형 주변에는 이렇게나 별이 북적북적해요!

사랑하는 사람들과 함께 가세요!

별 보러 언제가는 것이 좋을까요?

사실 별을 보러 나갈 때 꼭 따져야 할 점이 있어요. 바로 월령(달의 차오르고 이지러짐)입니다. 도심에 살고 있다면 달빛을 신경 쓰지 않게 되지만, 하늘이 맑은 장소에서는 달빛이 무척 밝지 요. 특히 보름달이 떴을 때 별을 보러 가면 밤새 달빛 때문에 별이 잘 보이지 않습니다. 달빛이 없는 그믐 전후에 가는 것이 가장 좋습니다.

캠프장

큰 강의 하천 부지

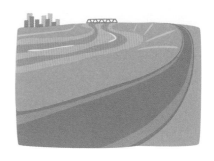

천문대가 있는 펜션

넓은 공원

(가로등이나 높은 나무가 적은 곳에서 잘 보입니다)

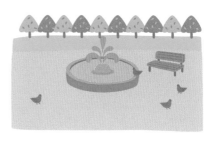

산 위쪽 길에 자리한 휴게소

멀리 나갈 수 없는 사람은……

이럴 때는 도심에서도 별이 잘 보여요!

★ 비가 그친 후나 태풍이 지나간 후
   하지만 강이나 바다 근처에는 가지 마세요.

★ 각종 명절 기간
   거리의 불빛이나 차의 전조등이 조금 줄
   어들기 때문에 하늘이 어두워집니다.

★ 초저녁보다는 새벽녘 하늘
   많은 주택들의 불이 꺼지기 때문에 하늘
   이 맑게 보여요.

기본 도구를 준비해 보자

별을 보러 갈 때 갖고 가면 좋을 도구를 모아 봤습니다.

별자리판

손전등

붉은 셀로판이나 손수건으로 불빛이 나오는 부분에 둘러 보세요. 어둠에 익숙해진 눈에 자극이 적어져요. 한 사람당 하나씩 준비합니다.

나침반

별자리판을 쓰기 전에 먼저 방향을 확인하세요.

쌍안경

은박 돗자리

땅의 찬 기운을 막아 주니 준비하면 무척 든든해요.

나들이 매트

긴 시간 밤하늘을 보고 있으면 목이 피곤하니 나들이 매트에 누워 보세요.

방충 스프레이

음료나 간식

여름에도 밤에는 쌀쌀할 수 있으니 따뜻한 음료를 추천합니다.

준비 끝!

어떤 옷차림이 좋을까

겨울

겨울에는 기온이 확 낮아지기 때문에 추위를 막을 수 있는 도구를 충분히 준비해서 나가야 합니다. 두꺼운 점퍼나 코트에 모자, 머플러, 장갑은 필수품이지요. 특히 발 부근부터 추워지니까 부츠 안에 일회용 핫팩을 넣어 두는 등 꼼꼼히 준비해야 합니다. 무리하면 안 된다는 사실, 잊지 마세요!
추워지면 숙소로 돌아가거나 차 안으로 들어가서 몸을 따뜻하게 해 주세요.

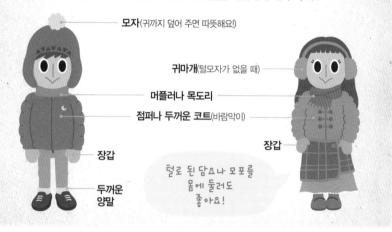

모자(귀까지 덮어 주면 따뜻해요!)

귀마개(털모자가 없을 때)

머플러나 목도리

점퍼나 두꺼운 코트(바람막이)

장갑

장갑

두꺼운 양말

털로 된 담요나 모포를 몸에 둘러도 좋아요!

여름

여름철 야외에서 별을 관찰할 때는 얇은 옷을 입고 나가는 사람이 무척 많습니다. 여름이라고는 해도 산 같은 곳은 쌀쌀하니 반드시 추위를 막을 수 있는 옷을 가지고 가세요. 두께가 있는 점퍼나 숄 등이 있으면 편리합니다.
벌레를 막기 위해 가능하면 긴 팔에 긴 바지를 입으세요.

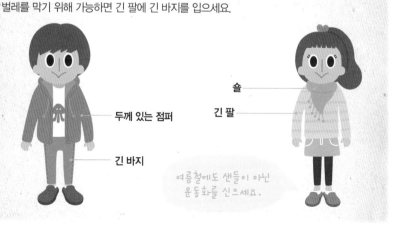

두께 있는 점퍼

숄

긴 팔

긴 바지

여름철에도 샌들이 아닌 운동화를 신으세요.

즐거움이 두 배! 쌍안경을 사용해 보자

쌍안경으로 볼 수 있는 천체

5~10배	• 달의 크레이터가 보입니다 • 오리온성운이나 안드로메다은하가 보입니다 • 목성의 갈릴레이 위성이 보입니다
10~30배	• 금성의 변하는 모양이 보입니다 • 특히 플라이아데스 성단이 예쁩니다
30배	• 토성의 고리를 확인할 수 있습니다

쌍안경의 장점

별을 보는 도구라 하면 망원경을 떠올리기 쉽지만, 먼저 쌍안경으로 시작해 보세요. 무엇보다 가볍게 휴대가 가능하며 사용법도 간단합니다. 생각보다 여러 가지 별을 볼 수 있습니다!

가족, 친구 모두 모여 신나는 관찰

쌍안경은 직접 천체에 맞춰야만 볼 수 있습니다. 별을 잘 알지 못하면 천체를 발견하기 힘들지요. 그러니 삼각대에 쌍안경을 설치해 보세요. 특히 배율이 10배 이상인 경우는 삼각대가 있는 편이 좋습니다. 삼각대에 쌍안경을 설치하는 데 쓰이는 부품은 비노홀더(Bino Holder)라고 부르는데 전자제품 매장 등에서 살 수 있습니다. 그리고 보고 싶은 천체가 쌍안경에 들어오면 다른 사람들에게도 보여 주세요.

쌍안경을 고를 때는?

1. 배율이 같다면 시야가 넓은 것으로 고르기

천체를 볼 때는 가능한 한 많은 빛을 모으기 위해서
시야가 넓은 것이 보기 편합니다.

2. 보고 싶은 천체에 맞춰 배율과 구경 고르기

8×30이나 10×70 등의 숫자는 배율과 구경(렌즈 지름)을 나타냅니다.
즉 8×30은 8배이며 구경 30mm인 쌍안경이라는 말입니다.

3. 사기 전에 반드시 꼼꼼히 체크하기

온라인 판매점에서 사기보다는 반드시 구입 전에 직접 실물을 확인해 보세요.
제품을 들었을 때의 느낌이나 무게도 중요해요.
배율이나 구경이 같더라도 쌍안경에 따라 완전히 다르게 보이기도 합니다.

4. 삼각대는 가능하면 튼튼한 것으로 고르기

쌍안경을 삼각대에 설치했다가 바람에 쓰러지면 망가질 우려가 있습니다.
쌍안경은 습기에 약하니 사용한 후에는 렌즈를 닦고 건조제를 넣어 보관하세요.

쌍안경은 습기에 약하기 때문에
사용하고 난 후에는 건조제를
넣어서 보관할 것!

별이 태어나는 곳, 오리온성운(M42)

오리온성운은 하늘만 깨끗하다면 맨눈으로도 어렴풋이 보입니다. 이 성운은 '작은 세 개의 별' 중앙 부근에 자리하고 있습니다. 작은 세 개의 별은 큰 세 개의 별 아래 세로로 늘어선 별들을 가리킵니다. 작은 세 개의 별을 맨눈으로 봤을 때 중앙에 있는 별만 번지듯 보이는데, 이것이 바로 오리온성운입니다. 중심에서 아기별이 태어나 주변의 가스를 비추기 때문에 빛이 나는 것입니다. 꼭 쌍안경으로 봐야 할 천체입니다!

쌍안경으로 보면 가스가 퍼져 있는 모습이 잘 보입니다.

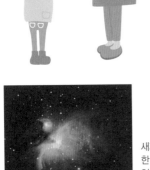

새가 날개를 펼친 듯한 모양새를 띤 **M42**입니다. 새의 머리로 보이는 부분은 **M43**이라는 성운입니다.

성운(星雲)이란?

별의 구름이라는 뜻으로 성운이라고 하는데, 결코 구름은 아니에요. 우주에 있는 가스가 모인 것입니다. 별은 가스 안에서 태어나지요. 따라서 성운은 별이 탄생하는 곳입니다. 우주에는 아기별들이 이미 태어나 자리 잡은 곳이 아주 많습니다.

별은 몇 개나 보일까?
플레이아데스성단(M45)

플레이아데스성단은 황소자리에 있는 별의 집단입니다. 맨눈으로 봐도 별 5~7개가 뭉쳐서 보이기 때문에 아주 예쁘지요. '묘성', '좀생이별' 등으로 불리며 예부터 친숙한 별입니다. 쌍안경으로 보기에 무척 좋은 천체이며 도시 하늘에서도 볼 수 있습니다.

여기서 M45란 천문학자 샤를 메시에가 만든 카탈로그에 실린 천체 넘버를 말합니다. M은 메시에의 영어 첫 알파벳에서 따왔지요.

플레이아데스성단은 별의 대집단입니다.

쌍안경으로 보면 성단 전체가 보입니다.

좀생이별 이야기

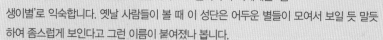

플레이아데스를 쌍안경이나 저배율의 망원경으로 관측하면 밝게 보이는 별이 총 9개 정도 됩니다. 이 중 일곱 개는 그리스 신화의 일곱 자매의 이름이 붙여져 있으며 나머지 두 개는 그녀들의 부모 이름입니다. 서양에서는 흔히 '일곱자매별'이라고도 불리며 우리에게는 '좀생이별'로 익숙합니다. 옛날 사람들이 볼 때 이 성단은 어두운 별들이 모여서 보일 듯 말듯 하여 좀스럽게 보인다고 그런 이름이 붙여졌나 봅니다.

달이 없는 매우 맑은 날 시력이 좋은 사람은 여섯 개 정도 볼 수 있습니다.

보이면 행운! 카노푸스

시리우스

카노푸스

카노푸스는 용골자리라는 별자리 안에 있는데, 큰개자리의 시리우스에 이어 하늘에서 두 번째로 밝은 별입니다. 그러나 보기가 참 어려운 별이기도 합니다. 남쪽 하늘에서 가장 높이 떠올라 봤자 서귀포에서는 고작 1도 높이밖에 되지 않기 때문에 수평선 위로 겨우 보입니다. 산이나 건물에 가리면 더 보기 힘듭니다. 중국에서는 '남극노인별'이라 불리며 한번 보면 장수한다고 전해집니다.

가지런하고 귀여운 모양, 토끼자리

토끼자리는 오리온자리 아래에 있는데, 마치 사냥꾼 오리온의 커다란 발에 밟혀 있는 것처럼 보입니다. 오리온은 사냥꾼이라 숲 속 약한 동물들을 괴롭혔습니다. 신은 귀여운 토끼까지 설마 괴롭힐까 생각했지만, 오리온은 귀여운 토끼도 짓밟아 버렸습니다. 화가 난 신은 오리온에게 전갈을 보냈습니다. 전갈에게 물려죽은 오리온을 신이 밤하늘로 올려 별자리가 되었습니다. 아직도 오리온은 전갈이 무서워서 밤하늘에서 도망 다닌다고 하네요.

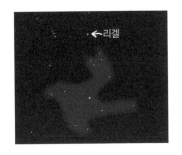

←리겔

사각 등딱지를 상상하며, 게자리

게자리에는 밝은 별이 거의 없습니다. 처음부터 게자리를 찾기보다는 쌍둥이자리와 사자자리 사이에 있다고 기억해 두세요. 자세히 보면 어두운 별이 사각형 모양을 이루고 있습니다. 이것이 게자리의 등딱지 부분에 해당합니다. 가까이에 있는 별을 이어서 게 다리를 상상해 보세요.

게 뒤에서 출렁이는 빛, 프레세페성단(M44)

게자리의 등딱지에 해당하는 사각형 안에 희미하게 게거품 같은 천체가 보이면 프레세페성단입니다. 쌍안경으로 보면 별이 모여 있는 것을 알 수 있지요. 옛날 사람들은 프레세페성단은 마치 구름 같다고 생각했었지만, 갈릴레오 갈릴레이가 처음 천체 망원경으로 이를 관측한 뒤 40개 이상의 별이 모인 집단이라는 사실을 발견했습니다.

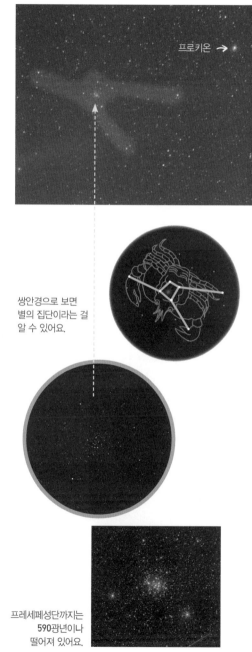

프로키온 →

쌍안경으로 보면 별의 집단이라는 걸 알 수 있어요.

프레세페성단까지는 590광년이나 떨어져 있어요.

너른 하늘 아래에서 보고 싶은
바다뱀자리

가장 길고 커다란 별자리가 바다뱀자리입니다. 동쪽에서 머리가 떠올라 머지않아 꼬리가 보일 때까지 여섯 시간 정도 걸리는 길이입니다. 그리스 신화에 등장하는 괴물 히드라를 주인공으로 한 별자리인데, 히드라는 머리가 아홉 개나 달렸다고 합니다. 심장 부분에 빛나는 코르히드라는 '히드라의 심장'이라는 뜻인데, 다른 말로는 알파드라고 하여 '고독한 별'이라는 뜻이 있습니다.

코르히드라는 바다뱀자리에서
가장 밝은 2등성

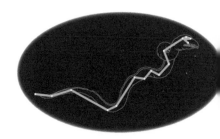

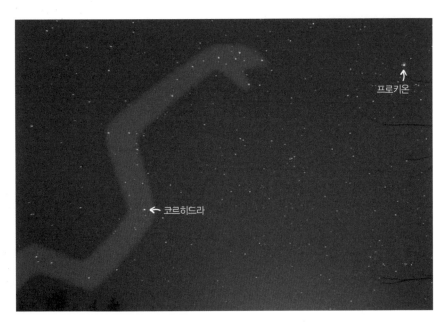

← 코르히드라

프로키온

선악의 균형을 재는
천칭자리

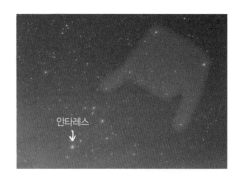

안타레스

천칭자리는 처녀자리 동쪽에 빛나
는 'ㄱ'자를 뒤집은 모양으로 찾으면
됩니다. 그리스 신화에서 정의의 여
신 아스트라이아가 인간의 선악을
재기 위해 사용한 것이 바로 이 천
칭입니다. 선함과 악함을 판단하여
인간을 천국과 지옥 중 어디로 보낼
지 판가름했다고 전해집니다.

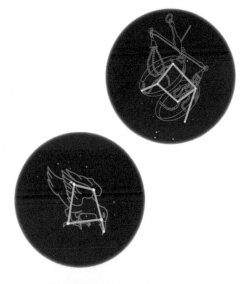

거짓말쟁이는 별자리의 시초?
까마귀자리

봄의 대곡선을 이루는 처녀자리의
스피카에서 더 뻗어 나가면 찌그러
진 사각형 모양이 보입니다. 어떤
나라에서는 배의 돛에 비유되어 '돛
단별'이라 불리기도 합니다. 까마귀
는 먼 옛날, 신에게 거짓말을 했기
때문에 은색이었던 아름다운 날개
가 새까맣게 변한 채 하늘에 박혀
별자리가 되었다고 전해집니다.

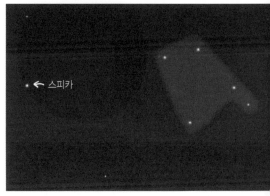

← 스피카

여름을 대표하는 성운,
석호성운(M8)과
삼렬성운(M20)

궁수자리 안에는 성운이나 성단이
많이 있는데, 특히 석호성운 M8과
삼렬성운 M20을 꼭 찾아보세요. 남
두육성 근처에 있는데, 어디에 있는
지 확실히 확인한 후에 살펴보세요.
쌍안경으로 보면 흐릿하게 퍼져 있는
모습이 보입니다. M20 근처에는 자
그마하게 별이 모여 있는 M21도 빛
나고 있습니다.

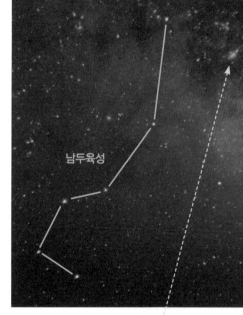

남두육성

핑크색이
귀엽죠?

M20

M8

쌍안경으로는 M8과 M20을
한꺼번에 즐길 수 있어요.

M8은 핑크색 성운, M20은
세 개로 나뉘어 보이는 성운입니다.

괴력의 사나이, 헤라클레스자리

헤라클레스는 열두 가지 대모험 끝에 그리스의 괴
물을 차례로 물리치고 그리스 신화에서 제일가는
영웅이 되었습니다. 물리친 별자리들로는 사자자
리, 게자리, 바다뱀자리 등이 있지요. 헤라클레스
자리는 헤라클레스의 영어 알파벳 첫 글자 'H' 모
양을 보고 찾으면 됩니다. M13은 하늘이 맑은 곳
이라면 맨눈으로도 보이지만, 쌍안경으로 보면 동
그랗게 퍼져 보입니다.

헤라클레스의 허리 부분에 있는
M13은 북반구에서 볼 수 있는 가장
큰 구상성단입니다.

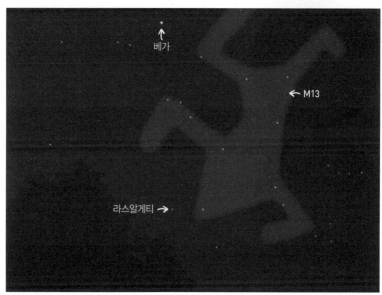

↑
베가

← M13

라스알게티 →

의사의 신과 의술의 상징, 뱀주인자리와 뱀자리

뱀주인자리는 전갈자리 위에 빛나는 장기알 같은 오각형을 보고 찾으면 됩니다. 별자리 그림을 보면 뱀을 든 거대한 사내가 전갈을 밟아 뭉개고 있는 듯 보입니다. 머리에 빛나는 별은 라스알게티이며 여기에는 '뱀을 가진 자의 머리'라는 뜻이 있습니다. 이 거대한 사내는 아스클레피오스라는 이름난 의사인데, 죽은 사람도 살려 낼 수 있었다고 합니다. 들고 있는 뱀은 뱀자리인데, 이는 머리와 꼬리가 떨어져 있는 희귀한 별자리입니다.

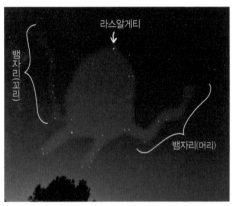

13별자리 운세?

생일 별자리는 열두 개이지만, 한때 뱀주인자리도 생일 별자리에 넣을지 말지 고민했던 적이 있었다고 합니다. 생일 별자리는 황도(태양이 지나는 길) 위에 있는 별자리를 쓰기로 의견을 모았지만, 뱀주인자리는 그야말로 황도 정중앙에 보이는 별자리였기 때문이었습니다.

그러나 별자리 운세는 황도 12궁이라고 하여 황도 위를 12등분한 구역을 사용하기 때문에 다른 별자리와는 다릅니다. 따라서 뱀주인자리는 생일 별자리에 들어가지 못했습니다. 하지만 일시적으로 뱀주인자리가 생일 별자리인 사람은 있을지도 모르지요.

신들의 보물을 지키는 파수꾼, 용자리

용자리는 북쪽 하늘에 찌부러진 듯한 사각 머리별을 시작으로 구불구불 별이 휘어져 줄지어 있는 것을 보고 찾으면 됩니다. 그리스 신화에서 용자리는 머리가 백 개나 달려 있어서 결코 잠드는 일이 없었기 때문에 귀중한 금사과를 지키는 역할을 맡았다고 합니다.

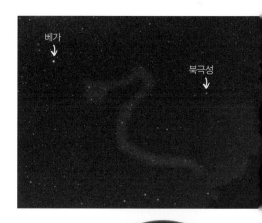

사람을 도와준 보답으로 별이 된 돌고래자리

작은 별자리이지만, 금세 발견할 수 있는 별자리입니다. 독수리자리의 알타이르 동쪽에 있지요. 작은 마름모꼴에서 꼬리가 뻗은 듯한 모양을 보고 찾으면 됩니다. 고대 그리스의 음악가 아리온이 콩쿠르에서 우승하고 돌아오던 중 상금을 빼앗으려는 선원들에게 궁지에 몰렸고, 하프를 연주하자 그 소리에 몰려든 돌고래를 타고 살아났다는 이야기가 있습니다. 그 공로로 돌고래는 하늘로 올라가 별자리가 되었다고 합니다.

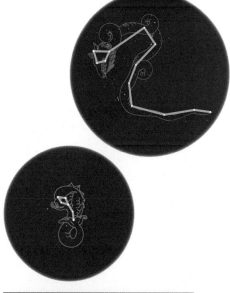

드넓은 우주 생각에 잠기게 하는 은하수

은하수는 여름철과 겨울철 초저녁 무렵 하늘 높이 가로질러 보입니다. 특히 여름의 대삼각형 가운데를 가로지르는 은하수는 무척 아름답습니다. 궁수자리 방향은 유독 짙게 보입니다. 하늘이 맑은 곳에서 관찰해 보세요. 쌍안경으로 보면 별이 가득 모여 있다는 사실을 알게 됩니다. 한번 보면 마음에 깊이 남을 겁니다.

희끄무레한 구름처럼 보이는 곳에는 모두 별이 모여 있습니다.

아주 멋져요!

쌍안경이나 망원경으로 보면 밤하늘 가득한 별의 아름다움에 마음을 빼앗길 거예요!

은하수의 정체는?

옛날 사람들은 은하수를 구름 같은 것이라고 생각했습니다. 그러나
천체 망원경이 발명된 이후, 사실 아주 많은 별이 그곳에 모여 있다
는 사실을 알게 되었습니다. 게다가 은하수 안의 별들을 자세히 보니,
별의 대집단이 위에서는 소용돌이 모양, 옆에서는 호떡 같은 모양으
로 모여 있다는 사실도 발견되었지요. 태양도 바로 이 안에 있었습니
다. 이 별의 대집단을 '우리 은하'나 '우리 은하계'라고 부릅니다.

태양계

맨눈으로 보이는 가장 먼 천체,
안드로메다은하(M31)

예쁜 소용돌이 은하입니다.

안드로메다은하는 하늘이 맑은 장소라면 맨눈으로
도 볼 수 있는 천체입니다. 특히 쌍안경으로 꼭 한번
보고 싶은 천체이지요. 안드로메다은하는 230만 광
년 떨어진 수천억 개 이상의 별이 모인 대집단입니다.

230만 광년이란 빛의 속도로 지구에서 230만 년이 걸리는 거리에 그 별이 있다
는 뜻이에요. 바꿔 말하면 230만 년 전에 안드로메다은하를 출발한 빛을 지금
보고 있다는 뜻이지요. 우주란 정말 장대합니다.

쌍안경으로 보면 한눈에
은하라는 사실을 알 수 있지요.

40억 년 후에는 우리 은하와 부딪힌다?

사실 슈퍼컴퓨터로 계산해 본 결과 안드로메다
은하는 먼 미래에 우리가 살고 있는 우리 은하
와 충돌한다는 사실을 알아냈습니다.
우리 은하도 안드로메다은하도 같은 국부 은하
군이라는 은하의 큰 집단 안에 속해 있습니다.
은하끼리 서로 잡아당기고 있기 때문에 우리 은하와 안드로메다은하는 앞으로 40억 년 정도
후에 합체하여 한 덩어리의 큰 은하가 될 것입니다.

[]

메두사를 물리친 영웅, 페르세우스자리

페르세우스자리는 안드로메다자리에서 동쪽으로 조금 더 간 곳에 있습니다. 카시오페이아자리와 황소자리의 플레이아데스성단 사이에 활처럼 굽은 듯 별이 늘어선 모양을 보고 찾으면 됩니다. 페르세우스 왕자가 손에 든 것은 고르곤 메두사라는 마녀의 목입니다. 마녀의 눈 위치에 빛나는 알골이라는 별은 68시간 49분에 걸쳐 2.1등급에서 3.4등급까지 밝기가 변하는 변광성입니다. 별의 밝기는 변하지 않는다고 생각했던 옛날 사람들은 알골을 무서운 별이라고 생각했을 겁니다.

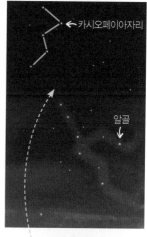

← 카시오페이아자리

알골 ↓

서로 붙은 광채 두 개, 이중성단

페르세우스자리의 이중성단은 h-χ(에이치·카이)로 불리며, 두 개의 별 집단으로 이뤄진 아름다운 천체입니다. 하늘이 맑은 곳에서는 맨눈으로도 흐릿하게 보입니다. 이 천체야말로 꼭 쌍안경으로 봐야 합니다. 망원경으로 배율을 올리면 천체가 시야에서 비어져 나오지요. 탄식이 나올 정도로 아름답습니다!

둘 모두 밝고 아름다운 성단이라 관찰할 맛이 날 거예요!

거의 은하수 가운데에서 빛나고 있어요.

고대 에티오피아의 왕, 케페우스자리

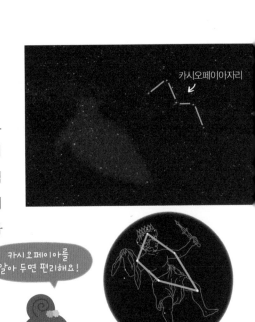

카시오페이아자리

케페우스자리는 북쪽 하늘, 카시오페이아자리 옆에 빛나는 뾰족한 지붕집 같은 오각형을 보고 찾으면 됩니다. 어두운 별이 많기 때문에 먼저 카시오페이아자리를 기준으로 찾아보세요.

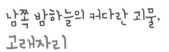

카시오페이아를 알아 두면 편리해요!

남쪽 밤하늘의 커다란 괴물, 고래자리

고래자리는 바다 괴물 케토스가 올라간 별자리인데, 그 모습은 고래라기보다는 괴수인 고질라를 닮았지요. 가을의 대사각형의 동쪽에 있는 두 개 별을 이어 아래로 늘리면 고래 꼬리에 해당하는 '데네브 카이토스'를 찾을 수 있습니다. 심장 부근에 있는 미라는 '불가사의'라는 뜻을 가진 변광성입니다.

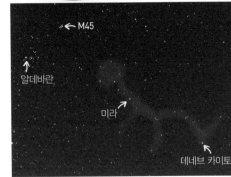

← M45

↑ 알데바란

미라 ↗

데네브 카이토

고래자리의 불가사의한 별을 보자!

고래자리에 있는 미라는 아랍어로 '불가사의'라는 뜻입니다. 그 이름 그대로 332일에 걸쳐 밝기가 2등성에서 10등성으로 변하는 변광성이기 때문입니다. 2등성일 때는 도심 하늘에서도 잘 보이지만, 10등성일 때는 하늘이 맑은 곳에서도 보이지 않아요.

미라의 밝기가 변하는 이유는 별 자체가 크게 부풀어 오르거나 작게 줄어들기 때문입니다. 크게 부풀어 오르면 별의 온도가 내려가 어두워지고, 작게 줄어들면 별의 온도가 올라가 밝아지지요. 우주에는 참으로 불가사의한 별이 많습니다.

이런 별도 변광성!

베텔게우스(오리온자리)
2,070일에 걸쳐 0.0등성~1.3등성으로 변함

알골(페르세우스자리)
68시간 49분에 걸쳐 2.1등성~3.4등성으로 변함

폴라리스(북극성: 작은곰자리)
약 3.97일에 걸쳐 1.87등성~2.13등성으로 변함

미라에는 꼬리가 있다?!

미라

밝기가 변한다는 점 이외에도 미라에는 신기한 점이 있습니다. 바로 약 13광년이나 되는 길이의 꼬리가 있다는 사실이에요. 이 꼬리는 미라에서 흘러나온 가스로 이루어져 있는데, 2007년에 NASA의 자외선 우주 망원경이 이를 처음으로 관측했습니다.

신도 실수할 때가 있다, 염소자리

← 포말하우트

염소자리는 거문고자리의 베가와 독수리자리의 알타이르를 묶어 아래로 따라가면 찾을 수 있는 역삼각형 모양입니다.

염소자리는 반은 염소이고 반은 물고기인 특이한 별자리인데, 이것은 덜렁대는 신인 판이 당황한 나머지 변신을 하다 만 모습이기 때문입니다. 패닉이라는 말은 바로 이 '판'에서 나왔다고 합니다.

천공신에게 사랑받은 미소년, 물병자리

물병자리는 남쪽물고기자리의 포말하우트 위에서 'Y'자 모양(혹은 새총 모양)을 보고 찾으면 됩니다. 그러나 어두운 별이 많기 때문에 하늘이 맑은 곳에서 차분히 찾아봐야 합니다.

물병을 들고 있는 사람은 미소년 가니메데입니다. 가니메데는 신들에게 술 따르는 일을 합니다. 물병자리는 사실 '술병자리'일지도 몰라요.

↙포말하우트

리본으로 이어진 어미와 자식,
물고기자리

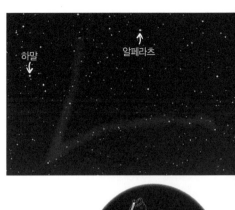

물고기자리는 가을의 대사각형 근처에 있는 별을 묶어 두 마리의 물고기를 따라가서 찾으세요. 이 별자리는 상당히 유명한데, 어두운 별이 많기 때문에 찾았다면 주변인들에게 자랑해도 좋아요.

물고기자리는 미의 여신 비너스와 아들 큐피드가 변신한 모습입니다. 괴물에게 쫓겼을 때 물고기로 변신한 후 뿔뿔이 흩어지지 않도록 꼬리를 리본으로 묶었다고 전해집니다.

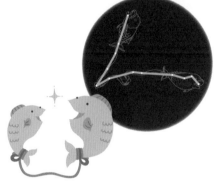

위기에서 아이를 구해 낸,
양자리

양자리는 숫자 7이 비스듬히 누운 모양을 보고 찾으면 됩니다. 양자리 중에 가장 밝으며 모서리에서 빛나는 하말(2등성)은 '양'이라는 뜻입니다.

양자리의 양은 금색 털을 가졌으며 하늘을 나는 슈퍼 양입니다. 산 위에 남겨진 두 아이를 구했다는 신화가 전해 내려오지요.

쌍안경으로 보는 달의 이모저모

코페르니쿠스 크레이터 · 맑음의 바다 · 고요의 바다 · 비의 바다 · 케플러 크레이터 · 티코 크레이터 · 풍요의 바다 · 술의 바다

달의 어두운 부분을 바다라 부르는데, 토끼 모양에 비유하면 얼굴 부분이 '고요의 바다'입니다. 인류가 아폴로 11호로 처음 달에 착륙한 곳이지요. 몸 부분은 '비의 바다', 귀는 '풍요의 바다'와 '술의 바다', 커다란 크레이터는 '코페르니쿠스 크레이터'와 '티코 크레이터'입니다. 달 지형은 쌍안경으로도 확인할 수 있으니 꼭 보세요.

크레이터

크레이터란 아주 먼 옛날, 달에 운석이 부딪혀 생긴 구멍입니다. 지름이 200km를 넘는 것까지 다양한데, 그 수가 수만 개에 이릅니다. 사실 크레이터는 지구에도 있는데 비가 오거나 바람이 불면서 천천히 풍화와 침식이 진행되어 대부분 없어졌습니다. 달에는 공기가 없고 비도 내리지 않기 때문에 그대로 남아 있는 것입니다.

아폴로 10호에서 촬영된 달의 크레이터

크레이터를 관측하는 비결은?

쌍안경으로 달의 크레이터가 보이냐는 질문을 많이 받는데, 보입니다. 물론 망원경으로 볼 때처럼 박력 있는 크레이터는 아니지만, 쌍안경으로 보는 크레이터도 추천합니다. 크레이터는 달이 이지러지기 시작할 때 봐야 잘 보입니다. 따라서 이지러지지 않은 보름달이 뜬 날은 크레이터가 잘 보이지 않아요. 달의 크레이터를 보려면 시간적으로 초승달일 때부터 상현달에서 조금 더 차올랐을 때까지가 좋아요.

달이 이지러질 때를 주목하세요!

지구조

눈에 익숙한 달이라도 쌍안경으로 보면 무척 눈부시고 밝게 보입니다. 자세히 보면 달이 이지러지는 시기에 크레이터도 보입니다.

또한 달이 가느다란 날, 달그림자 부분이 희미하게 동그란 모양을 띄고 있었던 적 없나요? 이것을 '지구조'라고 합니다. 지구조도 쌍안경으로 보길 추천해요.

지구조는 지구가 햇빛을 반사해서 달을 비출 때 일어나는 현상입니다.

슈퍼문이란?

지구에서 달까지는 약 38만km 떨어져 있다고 배웠는데, 달은 지구 주변을 타원 궤도로 돌고 있습니다. 따라서 멀어질 때도 가까워질 때도 있습니다. 가까울 때는 35만 7,000km 정도이며 멀리 있을 때는 40만 6,000km 정도 되어 상당히 차이가 나지요.

한 번쯤 슈퍼문이라는 말을 들어본 적 있을 겁니다. 슈퍼문이란 지구에 가장 가까울 때의 보름달을 말합니다. 슈퍼문이 뜬 밤에는 꼭 쌍안경으로 보름달을 보세요.

일반 달(왼쪽)과 슈퍼문(오른쪽)

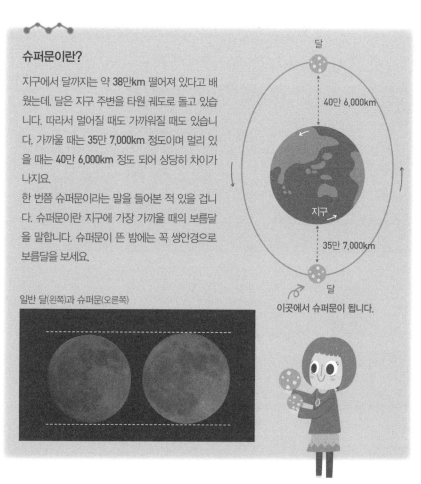

달

40만 6,000km

지구

35만 7,000km

달

이곳에서 슈퍼문이 됩니다.

쌍안경으로 보는 행성의 이모저모

태양계 행성 중 수성, 금성, 화성, 목성, 토성은 도심 밤하늘에서도 볼 수 있는 별입니다. 별자리를 이루는 별보다 밝게 보이는 일이 많기 때문에 찾는 것은 그리 어렵지 않아요. 꼭 쌍안경으로 관찰해 보세요.

그러나 행성은 항상 같은 자리에 있는 것이 아닙니다. 행성을 찾으려면 몇 시에 어느 방향에서 보이는지 미리 알아보세요.

목성

지금으로부터 약 400여년 전인 1610년, 이탈리아 천문학자 갈릴레오 갈릴레이가 직접 만든 망원경으로 목성의 위성 네 개를 발견했습니다. 이를 갈릴레이 위성이라 부릅니다. 7배율 정도 되는 쌍안경으로도 충분히 볼 수 있어요. 갈릴레이 위성은 목성 주변을 돌기 때문에 안쪽에 왔을 때는 보이지 않습니다. 언제 어느 위성이 보이는지도 알아 두면 재미있습니다.

목성과 위성

이오 유로파 가니메데 칼리스토

갈릴레이 위성

이오, 유로파, 가니메데, 칼리스토는 그리스 신화에 나오는 인물의 이름입니다.

이오는 지구 이외에 처음으로 활화산이 발견된 위성입니다. 유로파의 표면은 얼음으로 덮여 있어 아래에는 거대한 바다가 있다고 추측됩니다. 어쩌면 생명이 존재할지도 모른다는 기대도 있지요.

금성

배율이 **10**배 이상인 쌍안경이나 망원경으로 금성을 보면 달처럼 차고 이지러진다는 사실을 알 수 있습니다. 지구에 가까울 때는 가느다란 달과 같은 모양이며 멀어질 때는 레몬과 같은 모양입니다.

지구에서 가까울 때

지구에서 멀 때

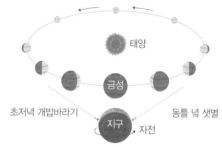

태양

금성

초저녁 개밥바라기

지구

자전

동틀 녘 샛별

수성, 화성, 토성

수성, 화성, 토성은 쌍안경으로 봐도 밝은 점으로밖에 보이지 않지만, 무척 아름답게 빛나듯 보입니다. 그 유명한 토성의 고리를 제대로 보기 위해서는 쌍안경보다 배율이 높은 망원경이 필요합니다.

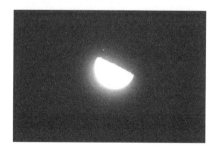

엄폐 현상

달이 행성을 가리는 현상을 '엄폐 현상'이라고 합니다. 특히 달그림자 부분에 행성이 숨거나 나타나는 모습은 어둠 속에서 별이 갑자기 빛을 내뿜기 때문에 무척 아름답습니다. 시간이 정해져 있고 달 방향을 보면 되므로 초보자가 보기 좋은 현상입니다.

꼭 보고 싶다!
여러 가지 천문 현상

밤하늘에서는 가끔 특별한 현상
이 일어납니다. 뉴스에서 화젯거리
에 오르는 경우도 많으니 기회를
놓치지 말고 관찰해 보세요.

유성(별똥별)

유성이 떨어지기 전에 세 번 소원을 빌면 이루어진다는 말이 있지요. 이는, 신이 하늘 창문을
열고 지상을 내려다볼 때 하늘 나라의 빛이 새어 나오는 것이 바로 유성이라고 조상들이 믿
었던 데서 전해지는 이야기입니다. 유성이 내릴 때는 신이 지상을 들여다보고 있기 때문에
소원을 빌면 신에게 들린다고 생각했지요. 유성이 떨어지는 밤에 소원을 한번 빌어 보세요.

20세기 최대의 혜성으로 불린 헤일밥 혜성

혜성

혜성은 작은 바위나 얼음으로 이루어
진 천체입니다. 혜성의 트레이드마크
인 꼬리는 태양에서 멀어질 때는 없습
니다. 태양에 다가가면 혜성의 표면이
녹는데, 바로 그곳에서 먼지나 가스 꼬
리가 생기는 것이지요.

2013년에 찾아온
판스타스 혜성

'2007년의 대혜성'이라
불린 맥노트 혜성

유성군은 어떻게 생길까?

유성을 이루는 먼지 덩어리들은 혜성이 우주에 떨어뜨린 것입니다. 혜성이 지나는 길(궤도)과 지구가 지나는 길이 교차하는 곳에서 매년 많은 먼지 덩어리가 지구 대기로 날아오게 됩니다. 이것이 유성군의 날입니다.

먼지 덩어리들은 지구로 곧장 떨어지는데, 지상에서 보면 한 점에서 사방으로 뻗어 나가는 것처럼 보입니다. 예를 들어 전철 선로는 두 선이 평행한데, 멀리서 보면 한 점으로 모여 있는 것처럼 보이지요. 그것과 같은 이치랍니다.

유성군

유성이 내리는 날은 정해져 있습니다. 유성은 원래 혜성 꼬리에 포함된 작은 부스러기들입니다. 즉, 유성군은 우주의 별이 떨어지는 것이 아니라 혜성 부스러기들이 상공 100km 정도에서 빛을 내는 지구상의 현상입니다. 유성이 밤하늘의 한 점에서 사방팔방 날아다니는 것처럼 보이는 것이 특징이지요. 그 한 점이 있는 별자리의 이름을 따서 ○○자리 유성군이라고 부릅니다.

주요 유성군

이름	나타나는 기간	가장 많이 보이는 날
★ 사분의 자리 유성군	1월 2~5일	1월 3~4일
4월 거문고자리 유성군	4월 20~23일	4월 21~23일
물병자리 η(에타) 유성군	5월 3~10일	5월 4~5일
☆6월 목동자리 유성군	6월 27일~7월 5일	6월 28일
물병자리 δ(델타) 남쪽 유성군	7월 27일~8월 1일	7월 28~29일
염소자리 α(알파) 유성군	7월 25일~8월 10일	8월 1~2일
★ 페르세우스자리 유성군	8월 7~15일	8월 12~13일
백조자리 κ(카파) 유성군	8월 10~31일	8월 19~20일
☆10월 용자리 유성군(자코비니 유성군)	10월 8~9일	10월 8~9일
오리온자리 유성군	10월 18~23일	10월 21~23일
황소자리 남쪽 유성군	10월 23일~11월 20일	11월 4~7일
황소자리 북쪽 유성군	10월 23일~11월 20일	11월 4~7일
☆ 사자자리 유성군	11월 14~19일	11월 17~18일
★ 쌍둥이자리 유성군	12월 11~16일	12월 12~14일
작은곰자리 유성군	12월 21~23일	12월 22~23일

★: 3대 유성군, ☆: 수년에서 수십 년 간격으로 활발하게 나타나는 유성군.
주의: 날짜는 평균적인 날짜입니다. 해에 따라 조금씩 달라집니다.

일식

일식은 태양, 달, 지구가 우주에서 일직선으로 나란히 섰을 때 달에 의해 태양이 가려지는 현상입니다. 따라서 일식은 반드시 신월일 때만 일어납니다. 그러나 신월이라고 해서 항상 일식이 일어나는 것은 아닙니다. 그 이유는 태양과 달이 움직이는 궤도가 기울어져 있어 서로 다르기 때문입니다.

일식에는 태양의 일부분만 사라지는 부분 일식, 태양의 테두리가 링처럼 남는 금환 일식, 태양이 완전히 사라지는 개기 일식이 있습니다. 특히 개기 일식 때는 주변이 어두컴컴해지면서 평소에는 볼 수 없는 코로나라는 빛줄기가 나타납니다. 저도 2006년에 이집트에서 목격했는데, 무척 신비로운 풍경이었습니다. 개기 일식 전후에 생기는 멋진 다이아몬드 링은 지금도 마음에 남아 있습니다.

금환 일식

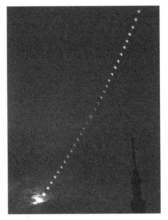

금환 일식 연속 사진

월식

월식은 태양, 지구, 달이 우주에서 일직선으로 나란히 섰을 때, 지구 그림자 속에 달이 숨는 현상입니다. 따라서 월식은 반드시 보름달이 뜬 밤에만 일어납니다. 보름달이 단시간에 사라졌다가 원래대로 돌아가는데, 특히 개기 월식 중에는 불그스름하고 환상적인 달을 볼 수 있습니다.

달이 지구 그림자에 들어가면 새까매질 것 같지만, 지구의 대기를 지나는 햇빛 중에 붉은 빛만이 남아 달을 비추기 때문에 개기 월식 중에는 달이 불그스름하게 보입니다. 쌍안경으로 가장 보고 싶은 천문 현상입니다.

개기 월식

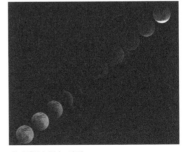

개기 월식 연속 사진

2050년까지 볼 수 있는 주요 일식과 월식

날짜	분류	시작	내용
2018년 1월 31일	개기 월식	20시 48분	모든 과정을 볼 수 있는 개기 월식
2019년 1월 6일	부분 일식		전국에서 부분 일식
2019년 12월 26일	금환 부분 일식		아라비아 반도부터 동남아시아 일부에서 금환 일식, 전국에서 부분 일식
2020년 6월 21일	금환 부분 일식		아프리카부터 아라비아 반도를 거쳐 동남아시아 일부에서 금환 일식, 전국에서 부분 일식
2022년 11월 8일	개기 월식	18시 08분	모든 과정을 볼 수 있는 개기 월식
2025년 9월 8일	개기 월식	1시 26분	모든 과정을 볼 수 있는 개기 월식
2026년 3월 3일	개기 월식	18시 49분	모든 과정을 볼 수 있는 개기 월식
2029년 1월 1일	개기 월식	0시 06분	모든 과정을 볼 수 있는 개기 월식
2030년 6월 1일	금환 일식		홋카이도에서 금환 일식, 그 밖의 지역에서 부분 일식
2032년 4월 25일	개기 월식	22시 26분	모든 과정을 볼 수 있는 개기 월식
2032년 10월 19일	개기 월식	2시 23분	모든 과정을 볼 수 있는 개기 월식
2032년 11월 3일	부분 일식		전국에서 부분 일식
2033년 10월 8일	개기 월식	18시 12분	모든 과정을 볼 수 있는 개기 월식
2035년 9월 2일	개기 일식		러시아~일본 노토반도~도야마~간토에서 개기 일식, 그 밖의 지역에서 부분 일식
2037년 1월 31일	개기 월식	21시 20분	모든 과정을 볼 수 있는 개기 월식
2040년 5월 26일	개기 월식	18시 58분	모든 과정을 볼 수 있는 개기 월식
2040년 11월 19일	개기 월식	2시 12분	모든 과정을 볼 수 있는 개기 월식
2041년 10월 25일	금환 일식		러시아~일본 중부~도카이 지방에서 금환 일식, 그 밖의 지역에서 부분 일식
2042년 4월 20일	개기 일식		동남아시아~일본 태평양 위에서 개기 일식, 전국에서 부분 일식
2043년 3월 25일	개기 월식	21시 42분	모든 과정을 볼 수 있는 개기 월식
2044년 9월 7일	개기 월식	18시 35분	모든 과정을 볼 수 있는 개기 월식
2046년 2월 6일	금환 부분 일식		동남아시아~하와이~미국 일부에서 금환 일식, 전국에서 부분 일식
2047년 1월 26일	부분 일식		전국에서 부분 일식
2049년 11월 25일	부분 일식		전국에서 부분 일식

참고 자료: 일본 국립천문대 http://www.nao.ac.jp/astro/phenomena-list.html

쌍안경으로 보면 즐거움이 듬뿍, 작은 별자리

쌍안경을 사용하면 어두운 별도 보이지만, 대부분 별자리의 일부밖에는 보이지 않습니다. 하지만 쌍안경의 시야에 쏙 들어오는 작은 별자리도 있습니다.

여름의 대삼각형 근처에는 화살자리나 돌고래자리 등 깜찍한 별자리가 여러 개 있고, 1등성 베가가 있는 거문고자리도 배율이 높지 않은 쌍안경의 시야에 잘 들어옵니다. 이들 별자리는 망원경으로 보는 것보다 쌍안경으로 보는 것이 오히려 즐거울지도 모릅니다.

돌고래자리

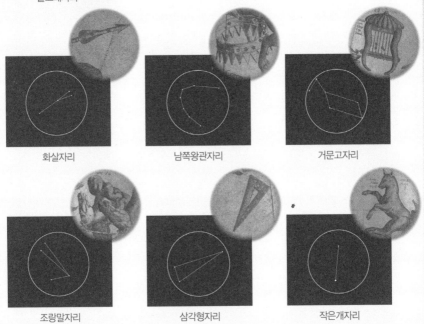

화살자리

남쪽왕관자리

거문고자리

조랑말자리

삼각형자리

작은개자리

제3장

플라네타륨에서
밤하늘을 산책하자

플라네타륨은 도시에서도 별이 가득한 하늘을 즐길 수 있게 해 줍니다. 또한 전 세계 어느 곳에 있는 별자리든 상관없이 관찰할 수 있으며 수천 년 전의 밤하늘을 볼 수도 있습니다. 가끔은 느긋한 마음으로 밤하늘 산책을 즐겨 보면 어떨까요?

플라네타륨은 어떤 곳일까?

우리 주변에도 생각보다 많은 플라네타륨이 있으니 사는 곳 근처에서도 한번 찾아보세요. 플라네타륨은 예전에는 천문 교육 시설이라는 이미지가 강했지만, 현재는 하늘 전체를 비추는 박진감 넘치는 영상과 아름다운 별이 가득한 곳에서 우주여행을 하는 듯한 체험을 할 수 있습니다. 또한 별이 가득한 하늘 공간을 이용해 음악을 들을 수도 있는 등 플라네타륨 시설마다 다양한 이벤트가 열리고 있습니다. 꼭 한번 방문해 보세요.

플라네타륨을 맘껏 즐기자

플라네타륨은 학생 시절의 체험 학습, 연인들의 데이트 코스, 혹은 자녀들과 가는 곳 등, 몇 번 갈 일이 없는 장소라는 인식이 많았지만, 요즘은 다릅니다. 가지각색의 특수 효과를 겸비한 프로그램이나 매일 다른 해설이 마련되고, 때로는 콘서트나 이벤트가 열리는 등 무궁무진한 가능성을 지닌 곳으로 변해 가는 중이지요.

어떤 프로그램이 있을까?

대개 플라네타륨을 보러 가는 사람들은, 시작 시간에만 관심을 갖지 프로그램 내용은 그다지 신경 쓰지 않는 경우가 많습니다. 그저 별만 보면 만족한다는 사람들이 대부분이지요. 하지만 보통 영화를 한 편 보러 갈 때도 내용을 보고 선택하는 경우가 많지요? 플라네타륨도 아이들을 대상으로 한 프로그램, 별 해설이 주가 되는 프로그램, 천문학을 제대로 배우는 프로그램, 마음을 치유해 주거나 오락성을 추구하는 프로그램 등 실로 그 종류가 다양합니다.

　또한 별 해설은 생중계로 실시되기 때문에 해설자에 따라 다르게 전개되지요. 언제나 새롭기 때문에 한 해에만 수십 번씩 오는 사람들도 있어요.

보기 편한 자리

플라네타륨 시설은 자유석이 많은데, 사실 보기 편한 자리가 있습니다. 바로 음향과 영상 모두 남쪽이 잘 보이는 북쪽 자리지요. 또한 한가운데보다 조금 뒤쪽을 추천합니다. 별 해설도 특수 효과 프로그램도 주로 남쪽에 영상이 나오는 경우가 많기 때문입니다. 해설자는 해설대에서 별자리를 포인터로 가리키기 때문에 해설대 근처도 추천합니다(드물게 해설대가 남쪽에 있는 곳도 있으니 주의하세요). 잘 모를 때는 빨리 입장해서 해설자에게 물어보면 됩니다.

이런 방법도 있다니!

별을 즐기고 싶은 사람은 쌍안경을 갖고 가세요!

최근 플라네타륨은 은하수나 성운, 성단을 사실적으로 재현합니다. 따라서 맨눈으로 볼 수 없어도 쌍안경으로 보면 많은 별이 보입니다. 꼭 쌍안경을 갖고 가서 별을 올려다보세요. 실제로 별을 보러 나가기 전에 플라네타륨에서 예행연습을 해 두면 좋습니다.

....

별자리를 외우고 싶은 사람은 매달 가세요!

플라네타륨의 별 해설은 당일 20~21시 정도에 떠오르는 밤하늘로 소개하는 곳이 많을 거예요. 별은 매일 같은 시간에 보면 약 1도씩 서쪽으로 이동하기 때문에 한 달에 30도, 석 달에 90도씩 달라집니다. 석 달마다 플라네타륨에 가면 계절에 따라 별자리가 한꺼번에 바뀌어 버리기 때문에 외우기가 만만치 않죠. 그러니 매달 플라네타륨에 가 보세요. 한 달 전에 별자리를 잘 봐 둔 터라 외우기 쉬울 거예요.

....

잠들고 싶을 때는 플라네타륨에 가세요!

플라네타륨에 가면 잠이 온다는 사람이 많아요. 최근 플라네타륨에서는 이것을 역이용해 잠을 자는 이벤트를 여는 곳도 있습니다. 별이 가득한 하늘 아래 수면을 취하는 체험도 좋겠지요. 심신이 지쳤을 때나 무언가 골똘히 생각하고 싶을 때 플라네타륨을 이용해 보면 어떨까요? 단, 코를 골거나 잠꼬대 하는 건 안 됩니다.

플라네타륨 미니 지식

본격적인 대형 플라네타륨은 1923년에 독일의 칼자이스라는 회사가 개발했습니다. 대한민국에서 최초의 천체투영관은 1967년 당시 광화문 우체국의 옥상에 설치된 것으로 기록되어 있으며, 일본에 처음 들어온 것은 오사카시립전기과학관 (현재는 오사카시립과학관)으로 1937년이었습니다.

제3장 플라네타륨에서 밤하늘을 산책하자   97

한국의 플라네타륨

사람들이 발길이 잔잔히 이어지고 있는 플라네타륨.
음악이나 향기를 즐길 수 있는 새로운 프로그램으로 인기를 끄는 시설이나,
리뉴얼을 통해 더 멋진 별을 보여 주는 시설도 있습니다.
근처에 플라네타륨이 있다면 꼭 한번 방문해 보세요.

지역	시설명	주소	전화번호
서울	서울영어과학교육센터	서울시 노원구 동일로 205길 13	02-971-6232
	한성과학고등학교	서울시 서대문구 통일로 279-79	02-6917-0000
	서울특별시과학전시관(남산분관)	서울시 중구 소월길 113	02-311-1276
	어린이회관 천체투영관	서울시 광진구 능동 18-11	02-2204-6087
	서울과학고등학교	서울시 종로구 혜화동 1-1	02-740-6299
	이화여자대학교사범대학부속초등학교	서울시 서대문구 대신동 20	02-363-5555
	시립서울천문대 천체투영실 '별찬'	서울시 광진구 구천면로 2	02-2204-3194
	서울대학교 천체투영관	서울시 관악구 관악로 1 서울대학교 물리천문학부	02-880-6621
	세종과학고등학교 천체투영실	서울시 구로구 궁동 산 18-21	02-2060-4392
	과학동아 천문대 – 동아사이언스	서울시 용산구 청파로 109 7층	02-3148-0704
	국립서울과학관	서울 종로구 창경궁로 113	02-3668-2200
경기도	경기도과학교육원 북부기초과학교육관	경기도 의정부시 체육로 135번길 32 (녹양동 305)	031-870-3905
	아미초등학교 천체투영실	경기도 이천시 부발읍 신아로 92번길 32	031-631-8742
	경기북과학고등학교	경기도 의정부시 체육로 135번길 35	031-870-2764
	의정부과학도서관	경기도 의정부시 추동로 124번지 52	031-828-8665
	경기도과학교육원	경기도 수원시 장안구 수일로 135(송죽동 68)	031-250-1708
	가평조종도서관	경기도 가평군 하면 현리 420-6	031-580-4302
	시흥생명농업기술센터	경기도 시흥시 하중동 271	031-310-6184
	성남시 중원어린이도서관	경기도 성남시 중원구 금광2동 3487	031-729-4368
	인천교육과학연구원	인천광역시 중구 영종대로 277번길 74-10	031-880-0790

경기도	세종천문대 천체투영실	경기도 여주군 강천면 부평리 472-2	031-886-2200
	석정초등학교	경기도 김포시 대곶면 석정2길 2	031-989-3706
	송암 스페이스센터 천체투영관	경기도 양주시 장흥면 권율로 185번길 103	031-894-6000
	부천한울빛도서관	경기도 부천시 소사구 소사본동 337-1	031-625-4666
	안산시 청소년수련관	경기도 안산시 상록구 삼일로 696	031-475-1981
	포천아트밸리 천문과학관	경기도 포천시 신북면 아트밸리로 234	031-538-3487
	안성맞춤천문과학관	경기도 안성시 보개면 복평리 298	031-675-6975
	양평국제천문대	경기도 양평군 옥천면 용천리 산 29-10	031-775-0822
	국립과천과학관 미리내 천체투영실	경기도 과천시 과천동 706	02-3677-1561
강원도	강원도교육연구원 과학탐구전시관	강원도 춘천시 효자동	033-250-2482
	별마로천문대 천체투영실	강원도 영월군 영월읍 천문대길 397	033-374-7460
	국토정중앙천문대	강원도 양구군 남면 도촌리 96-5	033-480-2586
	메이페어플라네타리움	강원도 평창군 봉평면 무이리 1140-5	033-334-4501
	우리별 천문대	강원도 횡성군 공근면 상창봉리 264-4	033-345-8471
	화천 조경철천문대	강원도 화천군 사내면 천문대길 453	033-818-1929
충청남북도	청주랜드 갈릴레오 천체투영관	충청북도 청주시 상당구 명암동 70	043-200-4717
	별새꽃돌자연탐사과학	충청북도 제천시 봉양읍 옥전2리 913	043-653-6534
	충주고구려천문과학관	충청북도 충주시 가금면 하구암리 143-3	043-842-3248
	청주 기적의도서관 천체투영관	충청북도 청주시 흥덕구 구룡산로 356	043-283-1845
	충북교육과학연구원 천체투영관	충청북도 청주시 상당구 대성로 150	043-229-1822
	대전시민천문대 천체투영관	대전광역시 유성구 과학로 213-48	042-863-8763
	국립중앙과학관 천체투영관	대전광역시 유성구 대덕대로 481	042-601-7928
	칠갑산천문대스타파크	충청남도 청양군 정산면 마치리 526-3	041-940-2790
	서산류방택천문기상과학관	충청남도 서산시 인지면 무학로 1353-4	041-669-8496
	보령시 청소년수련관 천체투영실	충청남도 보령시 성주면 성주산로 500	041-931-2336
	천안 홍대용과학관	충청남도 천안시 동남구 수신면 장산서길 113(장산리 646-9)	041-564-0113

	영선중학교	전라북도 고창군 무장면 431-1	063-561-0552
	무주반디랜드 곤충박물관 돔영상관	전라북도 무주군 설천면 청량리 1104	063-320-5663
	전라북도과학교육원	전라북도 전주시 덕진구 인덕원로 191	063-250-3730
	남원항공우주천문대 천체투영관	전라북도 남원시 양림길 48-63(노암동 1-1)	063-620-6900
	전라북도유아교육진흥원	전라북도 익산시 춘포면 석암로 349 (오산리 269-1)	063-830-5412
	광주교육과학연구원	광주광역시 동구 운림길 15	062-220-9765
	국립고흥청소년우주체험센터	전라남도 고흥군 동일면 덕흥리 11-1	061-860-1573
전라북도	순천만천문대	전라남도 순천시 대대동 162-2	061-749-4007
라남북도	곡성섬진강천문대	전라남도 구례군 구례읍 논곡리 829-2	061-363-8528
	나로우주체험센터	전라남도 고흥군 봉래면 하반로 490	061-830-8700
	전라남도과학교육원	전라남도 나주시 금천면 영산로 5695	061-330-2103
	장흥정남진천문과학관	전라남도 장흥군 장흥읍 평화우산길 180-608	061-860-0651
	광양제철초등학교	전라남도 광양시 마로니에길 48	061-798-1303
	국립광주과학관 천체투영관	광주광역시 북구 첨단과기로 235 (오룡동 1-6번지)	062-960-6210
	고흥우주천문과학관	전라남도 고흥군 도양읍 용정리 장기산 선암길 353	061-830-6690
	보성군 천문과학관	전라남도 보성군 보성읍 녹차로 771	070-8676-7114
	광주광역시 청소년수련원	광주광역시 서구 백일로 37(화정동)	062-373-0942
	포항제철동초등학교	경상북도 포항시 남구 지곡로 162	054-279-4745
	경북상주교육지원청	경상북도 상주시 만산8길 26번지	054-530-2300
	예천천문우주센터	경상북도 예천군 감천면 덕율리 91번지	054-654-1712
	영양반딧불이천문대 천체투영실	경상북도 영양군 수비면 수하리 255-1	054-863-8685
경상남북도	보현산천문과학관	경상북도 영천시 화북면 별빛로 681-32	054-330-6447
	구미과학관 천체투영실	경상북도 구미시 진평동 704 동락공원 내	054-476-6508
	대구과학교육원	대구광역시 수성구 황금동 626-1	053-760-3221
	국립대구과학관	대구광역시 달성군 유가면 테크노대로 6길 20(상리 588번지)	053-670-6114
	경북영주교육청	경상북도 영주시 안정면 안정로 367 (구 오계초등학교)	054-634-5164
	경북과학교육원	경상북도 포항시 북구 우미길 93	054-230-5599

	김천 녹색미래과학관	경상북도 김천시 혁신6로 31(율곡동) 김천녹색미래과학관	054-429-1600
경상남북도	울산과학관 별빛 천체투영관	울산광역시 남구 남부순환도로 111	052-220-1729
	경남과학교육원 천체투영관	경상남도 진주시 진성면 진의로 178-35	055-760-8199
	창원과학체험관	경상남도 창원구 의창구 두대동 188-3	055-267-2676
	부산광역시 어린이회관	부산광역시 부산진구 새싹길 549	051-810-8800
	부산광역시 과학교육원	부산광역시 연제구 토곡로 70	051-570-1217
	김해천문대	김해시 가야테마길 254	055-337-3785
	국립부산과학관	부산광역시 기장군 기장읍 동부산관광6로 59	051-750-2309
제주도	제주별빛누리공원	제주특별자치도 제주시 선돌목동길 60	064-728-8901
	제주도교육과학연구원	제주특별자치도 제주시 산록북로 421	064-710-0800
	서귀포천문과학문화관	제주특별자치도 서귀포시 1100로 506-1 천문과학문화관	064-739-9701
	제주항공우주박물관	제주특별자치도 서귀포시 안덕면 녹차분재로 218번지	064-800-2000

제4장

퀴즈로 알아보자!
별자리와 우주의 비밀

보고만 있어도 설레는 별이지만, 별을 자세히 공부하면 아마 더 좋아질 겁니다! 퀴즈로 우주의 이런저런 비밀을 알아봅시다.

Q1 하늘 전체에 1등성은 몇 개 있을까요?

① 11개

② 21개

③ 51개

Q2 하늘 전체에 별자리는 몇 개 있을까요?

① 88개

② 111개

③ 234개

A1 ② 21개

ㅣ등성 일람

시리우스(큰개자리)

카노푸스(용골자리)

리길 켄트(켄타우로스자리)

아르크투루스(목동자리)

베가(거문고자리)

카펠라(마차부자리)

리겔(오리온자리)

프로키온(작은개자리)

베텔게우스(오리온자리)

아케르나르(에리다누스자리)

하다르(켄타우로스자리)

알타이르(독수리자리)

아크룩스(남십자자리)

알데바란(황소자리)

스피카(처녀자리)

안타레스(전갈자리)

폴룩스(쌍둥이자리)

포말하우트(남쪽물고기자리)

데네브(백조자리)

베크룩스(남십자자리)

레굴루스(사자자리)

A2 ① 88개

1928년에 국제천문연맹이라는 단체가 88개로 정했습니다.
이때 없어진 별자리도 상당히 많습니다.

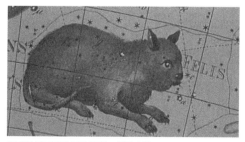

88개의 별자리에 들지 못한 고양이자리

Q3
다음 중 한국에서 전혀 보이지 않는 별자리는 무엇일까요?

1. 남십자자리
2. 여우자리
3. 고래자리

Q4
실제로 존재하는 별자리는 어느 것일까요? 전부 고르세요.

1. 화살자리
2. 화로자리
3. 나무자리
4. 돛자리
5. 파리자리
6. 고양이자리

Q5
상반신이 인간, 하반신이 말인 모습의 별자리가 두 개 있습니다. 무슨 자리와 무슨 자리일까요?

Q6
황도12궁 가운데 '~의 행운'이라는 뜻의 이름을 가진 별이 네 개나 있어서 '행운의 별자리'라 불리는 것은 무슨 자리일까요?

Q7
별자리의 별은 어디에 있는 별일까요?

1. 태양계 안
2. 우리 은하 안
3. 우리 은하보다 먼 곳

Q8
M78은 울트라맨의 고향이라고 하는데, 실제로 있는 성운입니다. 그렇다면 그것은 무슨 자리에 있을까요?

1. 오리온자리
2. 헤르쿨레스자리
3. 페르세우스자리

A3 ① 남십자자리

여우자리는 백조자리의 십자가 아래에 있는 별자리입니다. 고래자리는 물고기자리 바로 아래에 있죠.

 A4 ① 화살자리 ② 화로자리
④ 돛자리 ⑤ 파리자리

별자리판이 있다면 이 별자리들을 꼭 찾아보세요!

 A5 **궁수자리와 켄타우루스자리**

궁수자리가 된 케이론은 켄타우루스 족 출신입니다. 켄타우루스자리는 헤라클레스와 사이가 좋았던 폴로스라는 켄타우루스가 별자리가 된 것이라 전해집니다. 켄타우루스자리는 남반구에서 잘보이는 별자리입니다.

 A6 **물병자리**

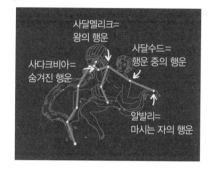

 A7 ② 우리 은하 안

A8 ① 오리온자리

삼형제별 왼쪽 별 근처에 있습니다.

Q9 다음 중 태양계 행성이 아닌 것은 무엇일까요?

1. 천왕성
2. 해왕성
3. 명왕성

Q10 달 외에 차고 이지러지는 태양계의 행성은 무엇일까요?

1. 금성
2. 목성
3. 해왕성

Q11 다음 중 안드로메다은하는 무엇일까요?

Q12 혜성은 '더러워진 눈사람'에 자주 비유됩니다. 그렇다면 혜성은 무엇으로 이루어져 있을까요?

1. 얼음이나 바위 덩어리
2. 철이나 동 덩어리
3. 수소나 헬륨 덩어리

Q13 한국의 로켓 발사장은 어디에 있을까요?

1. 경북 울릉도
2. 전남 고흥
3. 충남 안면도

Q14 다음 중 한국 인공위성 이름은?

1. 한겨레 위성
2. 새천년 위성
3. 아리랑 위성

A9 ③ 명왕성

발견됐을 때는 태양계의 아홉 번째 행성으로 주목받았지만, 현재는 왜소 행성이라는 그룹으로 분류되고 있습니다.

 A10 ① 금성

A11 ④

① 은 사냥개자리 부자 은하(M51),
② 는 큰곰자리의 바람개비 은하,
③ 은 처녀자리의 솜브레로 은하입니다.

A12 ① 얼음이나 바위 덩어리

A13 ② 전남 고흥

전라남도 고흥군 외나로도에 발사장이 있으며 근처에 일반인 방문이 가능한 우주과학관이 있습니다.

A14 ③ 아리랑 위성

나로호우주센터의 발사장

아리랑3A 위성

사진 출처 : 공공누리에 따라 한국항공우주연구원의 공공저작물 이용

무슨 일을 할까?

우리가 잘 모르는 별 세계에서
일하는 사람들

별이나 우주를 좋아하는 사람은 모두 미래에 우주 비행사나 천문학자가 된
다!? 그렇지 않습니다. 우주와 관련된 일은 그 외에도 아주 많습니다. 별을
좋아하는 사람들이 별과 즐겁게 어울리면서 일하는 이야기를 들어보세요.

플라네타륨 기획자 가와이 준코 씨
광학기기 회사에 근무하는 스즈키 야스히사 씨

플라네타륨 해설자 나가타 미에

★ 구체적으로 어떤 일을 하고 있나요?

가와이: 플라네타륨 기획자로서 이동식 플라네타륨을 여기저기 갖고 다니며 별 이야기를 들려주거나 망원경을 만드는 워크숍을 열기도 해요. 그뿐만 아니라 요리와 술을 즐기면서 밤하늘을 바라보는 '별자리와 와인 모임'이나 '달과 달력과 전통 술 모임' 등의 기획에도 심혈을 기울이고 있지요.

그러한 활동에 '하늘 학교'라는 이름을 붙이고 있는데, 우주와 농업 또는 우주와 건축처럼 우주와 여러 가지 분야를 연결하여 별에 흥미가 없는 사람이라도 하늘을 즐길 수 있도록 하고 싶어요. 그렇게 사람들의 일상에 별을 스며들게 하는 활동을 하고 있어요.

스즈키: 저는 천체 망원경이나 쌍안경 등을 만드는 회사에서 광고 홍보를 담당하고 있는데, 주로 잡지나 라디오 등의 매체를 이용해 홍보를 하거나 상품 카탈로그를 만들고 있어요. 그리고 별이나 우주에 흥미를 가진 '소라걸'('소라'는 일본어로 '하늘'이라는 뜻이다)들을 위한 기획을 만들어 내는 일도 하고 있지요.

요즘에는 순수한 천체 이벤트뿐 아니라 캠프장에서 야외 활동을 즐기는 사람이나 야외 축제에 온 사람들이 별을 볼 수 있는 기획도 하고 있어요.

나가타: 요즘에는 별에 관련한 행사가 많기 때문에 별을 잘 모르는 사람이라도 한번 참가해 보세요. 지식이 풍부한 사람들이 많으니까 축제하는 기분으로 배우면서 즐길 수 있을 거예요.

스즈키: 맞아요. 지난번에는 교토에서 야외 행사를 열었는데, 참가자의 절반 이상을 차지하는 여성들이 별 모양 옷이나 액세서리로 단장하고 참가해서 정말 즐겁게 놀았습니다.
빅센 내의 동호회 회원들 한정 캠프 행사에서는 별을 좋아하는 아버지가 가족 행사로 부인과 자녀분들을 데리고 참가하기도 하지요.

⭐ **지금의 일을 하게 된 계기는 뭔가요?**

스즈키: 원래는 카메라를 좋아해서 카메라 제조회사에 들어갔는데, 제품 광고를 하고 싶어서 광고 제작회사로 이직했고, 그 후에 지금 회사에 들어왔습니

각기 다른 별을 바라보는 '소라걸'들

다. 사실 천체 망원경에는 그때까지 별로 흥미가 없었어요. 하지만 입사하고 나서 실제로 아름다운 별을 보러 가기도 하고, 정통한 분과 함께 별을 보다 보니 재미가 생겼어요.

저 스스로 천체 초보자이기도 하니까 이런 사실을 알면 더 재밌겠다 싶은 것을 그대로 일에 반영하고 있지요.

나가타: 지금은 우리 셋 가운데 스즈키 씨가 가장 별을 많이 보지 않았을까요? 아마 제가 제일 많이 못 봤을 거예요.

가와이: 나가타 씨는 플라네타륨에 빠져 있으니까요.

저는 초등학교 2학년 때 처음 따라간 플라네타륨에서 무수히 많은 별을 보고 깜짝 놀랐어요. 도시에서 자랐기 때문에 진짜 별이 가득한 하늘을 본 적이 없었거든요. 그 후에도 플라네타륨을 계속 좋아했어요. 일 끝나고 한가로운 기분을 만끽하러 가곤 했지요. 그 사실을 알고 있던 친구가 구직 중인 저에게 플라네타륨 관련 일의 구인 광고를 오려서 줬어요. 그 일을 계기로 회사에 들어갔고 지금에 이르렀지요.

나가타: 저도 시작은 플라네타륨이었어요. 아버지를 따라 자주 갔거든요.

본격적으로 별에 관련된 일을 하고 싶다는 마음을 가진 것은 중학생 때쯤이었어요. 플라네타륨에 가서 어떻게 하면 이런 일을 할 수 있는지 물어봤지요. 그랬더니 먼저 이과계 대학을 나와서 그때까지 계속 별을 좋아한다면 또여러 가지 알아보라고 하시더라고요.

대학에서는 천문부에 들어갔어요. 어느 날 플라네타륨에서 해설자를 하던 선배가 아르바이트를 찾고 있기에 제가 꼭 하고 싶다고 부탁을 했던 것이 직접적인 계기가 되었네요.

★ 기억에 남는 천문 현상은 뭔가요?

스즈키: 사이판에서 본 별들이에요. 한밤중인데도 따뜻해서 반바지에 셔츠 하나만 입은 가벼운 복장으로 아침까지 계속 하늘 가득한 별을 바라볼 수 있어서 정말 좋았어요.

가와이: 저는 오키나와 이시가키 섬에서 본 별이 가장 기억에 남네요. 하늘 위에는 은하수, 지상에는 반딧불이의 빛 때문에 사방이 온통 빛으로 가득했지요.

나가타: 저도 같이 봤죠, 그 하늘. 얼마나 아름다웠는지, 플라네타륨에서 해설할 때 항상 얘기해요.
제가 꼽는 세 가지 천문 현상은 사자자리 유성군, 오로라, 개기 일식이에요.

가와이: 오로라는 보지 못했는데, 2001년의 사자자리 유성군은 엄청났지요. 2012년의 금환 일식 때는 '앗, 나 지금 태양과 달과 일직선에 서 있어!' 하고 생각한 순간 눈물이 났어요.

플라네타륨에서 일하고 있는 나가타 씨

가와이 씨의 '별자리와 와인 모임'은
매번 인기가 많다.

스즈키: 일식이나 월식은 천체가 숨겨져 가는 모습을 보는 것만으로도 감동인데, 사실 엄청나게 떨어진 우주 공간 속에서 태양과 지구와 달이 일직선이 된다고 상상하면 그 장대함에 압도당하지요. 별자리들을 이루는 별들도 거리가 모두 제각각이니까 밤하늘을 입체적으로 따지면 천문 현상을 보는 재미도 늘어날 거예요.

⭐ 별들과 어떻게 어울려야 할까요?

가와이: 저는 '생활 속 별하늘'이라는 것을 추천해요. 방의 불빛이나 에어컨, 텔레비전을 모두 끄고 다 같이 정원이나 베란다에 나가서 밥을 먹기도 하고 차도 마시는 거지요. 별을 바라보며 수다를 떨면 즐거워요.
그런 식으로 생활 속에서 자연스럽게 별에 흥미를 가질 수 있게 만드는 환경이 의외로 중요하다고 생각해요.

나가타: 일부러 멀리 나가서 별을 보지 않고 집 주변에서 차를 마실 때 달이나

별이 배경에 있는 정도가 딱 좋지요.

가와이: 화장실도 바로 갈 수 있고요.

스즈키: 천체 망원경으로 즐긴다면 먼저 달, 금성, 목성, 토성이에요. 달의 크레이터를 보면 우주 공간에 떠 있는 기분이 들거든요. 관측 이벤트에서는 신비로운 고리를 가진 토성이 가장 인기 있어요.
저는 바닥에 누워 뒹굴거리면서 쌍안경으로 은하수나 별자리의 별들을 보는 것이 마음이 편해서 좋아요. 시간이 눈 깜짝할 새에 지나가거든요.

나가타: 천문 현상은 몇 년이 흘러도 추억을 이야기할 수 있을 만큼 기억에 남아요. 여러분도 꼭 관찰하고 체험하고 즐겨 보세요.

가와이 준코
2003년부터 고토광학연구소에서 많은 플라네타륨 관련 행사를 진행했습니다. 현재는 프리랜서 플라네타륨 기획자로 활동 중입니다. 이동식 플라네타륨 전문가입니다.

스즈키 야스히사
1967년생이며 광학기기 회사인 빅센 이사이자 기획부 부장입니다. 태양 안경을 보급하고, 학교 천문부를 지원하며, 야외 축제에서 관측 모임을 여는 등, 새로운 발상으로 별을 즐기는 이벤트를 제안하고 있습니다.

별 메신저 사사키 유타 씨

⭐ '별 메신저'란 무엇인가요?

전 세계에서 본 별의 훌륭함을 사람들에게 전하는 것이 가장 중요한 역할입
니다. 2012년에 별이나 플라네타륨을 둘러보는 세계일주 여행을 떠났는데, 그때
명함에 쓰기 위해 생각해 낸 말이에요. 그에 맞춰 별에게 제가 받은 메시지를
다른 사람에게 전하고자 하는 마음도 담겨 있어요.

⭐ 왜 세계일주 여행을 갔나요?

대학교에서는 철학을 공부했는데, 천문업계에 취직하고 나서부터는 다른 사
람들과 가지고 있는 천문 지식에 차이가 너무 심해서 이 분야에서 살아가는 것
에 대한 자신감이 없어졌어요.

그래서 지식이 있는 사람들에게 맞설 수 있도록 제 눈으로 직접 본 경험을
가지고 별 이야기를 할 수 있는 사람이 되자는 생각에 세계일주 여행을 떠나기
로 했지요.

★ 별을 좋아하게 된 계기는 무엇인가요?

고등학교 3학년부터 대학생 때까지는 플라네타륨이라는 공간을 좋아해서 자주 다녔어요. 차분한 분위기에 아름다운 음악과 마음이 편해지는 해설과 별이 있었기 때문이지요.

플라네타륨에 저녁부터 열리는 프로그램을 보러 가면 끝나고 밖에 나왔을 때 별이 떠오르거든요. '아, 저건 방금 해설해 준 별이다'라는 사실을 깨닫게 되니 실제 하늘을 보게 됐어요. 그리고 계절마다 '저 별은 뭐였지? 아, 베텔게우스다' 하는 것을 반복하면서 별 지식이 늘어났고, 어느새 별 자체가 좋아졌어요.

초등학생 때는 체육을 아주 좋아해서 이과나 수학에는 애먹었지만요.

★ 왜 별이 좋은가요?

솔직히 지금도 이과에는 거부감이 들어서 천문학이나 물리, 로켓 공학 같은 것보다 더 문화적이거나 신화적인 것, 예를 들어 옛날에는 어떤 별이 농작업의 기준이 되었는지, 국왕이 점성술로 미래를 점쳤다든지, 그런 문과 계통 이야기를 더 좋아해요. 원래 철학과 출신이라 그럴지도 모르겠네요.

세계일주 여행을 한 이유도 세상의 별들을 보고 싶다는 것뿐 아니라 갔던 나라에서 별에 관련된 신화를 듣고 싶다, 그 나라의 플라네타륨에 가고 싶다는 마음이 강했기 때문이에요.

★ 앞으로 어떤 일을 하고 싶어요?

플라네타륨 해설자로서 별을 모르는 사람이나 보지 않은 사람에게 어떤 식으로 별을 보면 즐거운지 들려주고 싶어요. 별을 보는 즐거움을 느끼게 해 줄 뿐 아니라 '봐서 좋았다!' '이 플라네타륨에 또 오고 싶다!'라고 생각할 수 있도록 말이에요. 그리고 마지막에는 전에 제가 그랬듯이 플라네타륨 밖으로 나간 손님들이 실제로 별을 올려다봤을 때, 저의 해설이 성공했다는 느낌을 받지요.

플라네타륨에서 끝나지 않고, 기회가 있다면 여러 행사에도 참가하고 싶어요. 조금이라도 많은 사람이 별을 볼 수 있도록 말이지요. 그것을 위해서라도 또 한동안 해외에서 별을 보고 올 생각이에요. 나가타 미에 씨도 '실제로 보면 더 잘 전달되니 많은 것을 보는 편이 좋다'라고 말씀하셨으니까요.

행사 같은 데서 만나는 아이들도 망원경이나 쌍안경으로 별을 보고 나서 '이렇게 많은 별이 있구나' 하고 놀라며 무척 기뻐해요. 여러분도 꼭 별을 관찰해 보세요.

사사키 유타
1983년생. 별과 음악과 농구를 좋아하는 소년 시절을 지내고 천문 세계로 들어왔습니다. 2012년부터 세상의 별들을 둘러보는 세계일주 여행을 경험했고, 귀국 후에는 별 해설이나 별 투어 가이드로 활약 중입니다.

플라네타륨 제작 회사에 근무하는 히가시하라 겐스케 씨

★ 언제부터 별에 흥미를 가졌나요?

사물에 눈을 떴을 때부터 별이라기보다는 우주에 관심이 있었던 것 같아요. 어렸을 때부터 우주 도감만 주야장천 보거나 우주 책만 읽어 달라며 졸랐다고 부모님이 말씀하시더군요.

어린 시절부터 우주나 해양개발 일에 종사하고 싶다는 생각이 있었는데, 학생 시절에 천체 사진촬영에 빠져 한때 사진가를 꿈꾸기도 했어요. 하지만 역시 우주 관련 일을 하고 싶어서 장기인 사진촬영 기술을 살릴 수 있는 플라네타륨 제작 회사에서 일했어요. 그때 사진을 찍을 수 있는 사람이나 그림을 그릴 수 있는 사람은 영상 제작에, 글을 쓸 수 있는 사람은 시나리오 제작에, 이처럼 천문 지식 이외에 장기가 있는 사람이 채용되기 쉬웠거든요.

멀리 돌아왔지만, 지금은 여러 가지 경험을 해 본 것이 통했다고 생각해요.

견학 모임에서 플라네타륨 기능에
대해 설명하는 히가시하라 씨

★ 어떤 일을 담당하고 있나요?

고토광학연구소는 플라네타륨의 종합 제조사인데, 저는 운이 좋게도 입사 후에 여러 가지 부서를 경험했어요. 처음에는 플라네타륨 프로그램을 제작하거나 기획을 하는 곳이었기 때문에 프로그램에서 쓰는 사진도 많이 찍었고, 시설 현장에서는 프로그램 연출이나 조정, 슬라이드를 투영기에 집어넣거나 프로그램을 작성하기도 했어요. 그 후에는 플라네타륨 기기의 보수 점검이나 수리하는 일을 하기도 했고, 지금은 기획 영업으로 전국의 과학관이나 박물관, 어린이 과학관 등의 플라네타륨 설비 상담을 받거나 더 매력적인 시설 만들기에 대해 기획이나 제안을 하고 있어요.

특히 시설 담당자나 동료와 새로운 아이디어를 생각해 내고 그것을 구체적으로 만들어 가는 것이 즐거워요. 처음에는 번뜩 떠오른 아이디어나 기획을 많은 관계자와 조정하면서 진행하는 것이 힘들긴 해도, 그 지역의 특색에 맞춘 시설이나 프로그램을 완성하여 사람들이 즐거워할 때가 가장 기쁜 순간이지요.

플라네타륨은 단순히 밤하늘을 비추는 교육적인 시설이 아니라, 과학이나 영상, 음악을 조합한 종합문화시설의 역할이 필요해요. 우주와 다른 분야를 조합해서 융합시키는 것은 즐거운 일입니다.

★ 우주는 어떤 점에서 매력이 있을까요?

제 상상을 뛰어넘는 미지의 세계관이라고 할까요? 항상 느끼는 것은 우주의 신비로움이지요. 친숙한 이 생활 공간조차도 사실 우주의 일부이고, 아주 작은 세계의 우주에도 흥미가 있어요. 이 공간이나 시간 자체가 우주 현상이라는 신비로움이 매력이죠.

★ 천체 초보자들에게 한 말씀 부탁해요

먼저 달을 봤으면 좋겠어요. 쌍안경으로도 상당히 잘 보이니까요. 달은 매일 형태가 달라지니까 보고만 있어도 즐거워요.

의외로 친숙한 장소에도 천문대나 관측 모임을 여는 공공시설이 있으니까 알

우주의 매력을 어떻게 전할까?
플라네타륨 프로그램 제작 중

아보고 진짜 우주를 보세요. 이것저것 가르쳐 주는 사람도 있으니까 그런 사람과 대화를 나누면 별을 보는 시선이 달라져요.

요즘은 '플라네타륨 천국'이라 불릴 정도로 여러 곳에 시설이 잘되어 있어요. 근처 플라네타륨에 가서 가능하면 프로그램이 끝난 후 해설자에게 말을 걸어 보세요. 많은 해설자들도 아마 그러길 바랄 거예요.

히가시하라 겐스케
1970년생. 고등학교 시절에는 천문부에서 행성이나 핼리 혜성 등을 관측했습니다. 광고사진업계를 거쳐 고토광학연구소에 들어갔습니다. 취미는 로드 바이크와 아름다운 지역의 경치와 별을 보러 여행하는 것입니다.

마치는 글

이 책은 별이 가득한 하늘을 찾아 먼 곳으로 천체 관측을 하러 가자는 책이 아닙니다. 별은 매일 우리 머리 위에 빛나고 있습니다. 밝은 도심 밤하늘에서도 달이나 행성이나 밝은 별은 무척 아름답게 보입니다. 그런 별에 눈을 돌려 보면 아마 많은 발견을 할 수 있을 겁니다.

이 책을 쓰게 되면서 출판사 관계자분이나 친구들과 많은 별 이야기를 나눴습니다. 각자 자신이 본 별의 추억 이야기를 하나씩은 갖고 있더군요. 그 이야기를 반짝반짝 빛나는 얼굴로 웃으며 이야기해 줬습니다. 이렇게 별을 본 추억은 몇 년이 지나도 마음에 남습니다. 이 책을 만난 모든 사람들도 그런 추억을 만들면 좋겠습니다.

지구는 광활한 우주 안에서 생명이 넘치는 단 하나의 별입니다. 이 기적과 같은 사실을 일상에서 자꾸 잊어버리기 십상이지요. 하지만 밤하늘을 올려다보며 우주에 관한 생각에 잠기면 정말 소중한 것이 무엇인지 보일 거예요. 당장 오늘 밤 맑다면 하늘을 올려다보세요.

처음 시작하는 천체관측

초판 1쇄 발행 ┊ 2016년 6월 8일
초판 6쇄 발행 ┊ 2023년 9월 15일

지은이 ┊ 나가타 미에
옮긴이 ┊ 김소영
감수 ┊ 김호섭

발행인 ┊ 김기중
주간 ┊ 신선영
편집 ┊ 백수연, 박이랑
마케팅 ┊ 김신정, 김보미
경영지원 ┊ 홍운선

펴낸곳 ┊ 도서출판 더숲
주소 ┊ 주소 서울시 마포구 동교로 43-1 (04018)
전화 ┊ 02-3141-8301
팩스 ┊ 02-3141-8303
이메일 ┊ info@theforestbook.co.kr
페이스북 · 인스타그램 ┊ @theforestbook
출판신고 ┊ 2009년 3월 30일 제2009-000062호

ISBN ┊ 979-11-86900-10-9 (03440)

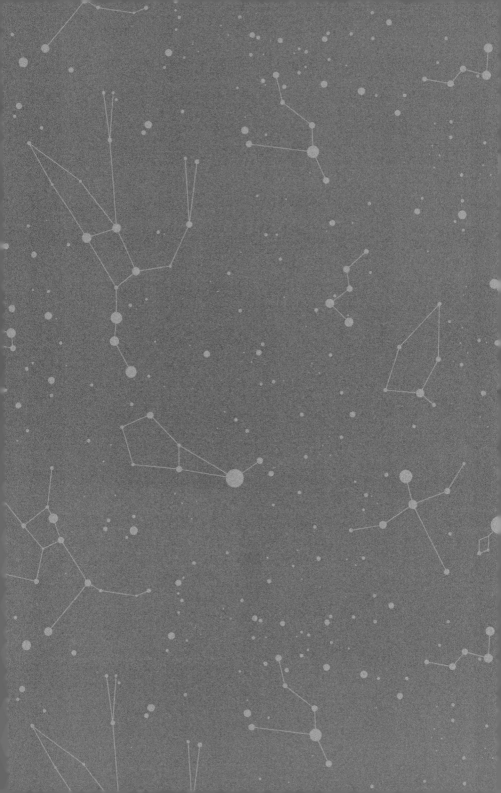